地球
最后一秒钟

THE
LAST SECOND

地球
最后一秒钟

OF THE
EARTH

李逆熵

著

 海峡出版发行集团 | 福建科学技术出版社
THE STRAITS PUBLISHING & DISTRIBUTING GROUP | FUJIAN SCIENCE & TECHNOLOGY PUBLISHING HOUSE

图书在版编目（CIP）数据

地球最后一秒钟 / 李逆熵著 . —福州：福建科学技术出版社，2021.5
ISBN 978-7-5335-6426-1

Ⅰ . ①地… Ⅱ . ①李… Ⅲ . ①地球科学 – 青少年读物
Ⅳ . ① P-49

中国版本图书馆 CIP 数据核字（2021）第 059542 号

书　　名	地球最后一秒钟
著　　者	李逆熵
出版发行	福建科学技术出版社
社　　址	福州市东水路 76 号（邮编 350001）
网　　址	www.fjstp.com
经　　销	福建新华发行（集团）有限责任公司
印　　刷	福建省金盾彩色印刷有限公司
开　　本	700 毫米 ×1000 毫米　1 / 16
印　　张	14
字　　数	168 千字
版　　次	2021 年 5 月第 1 版
印　　次	2021 年 5 月第 1 次印刷
书　　号	ISBN 978-7-5335-6426-1
定　　价	32.00 元

书中如有印装质量问题，可直接向本社调换

序

　　著名的天文学家兼出色的科普作家卡尔·萨根（Carl Sagan）曾经说过："人类的文明从来没有像今天般依赖科学和由此衍生的各种科技。与此同时，大众也从未像今天般对我们所赖以为生的科学技术如此缺乏了解。如果这种情况持续下去，肯定会带来严重的后果。"

　　著名的生物学家爱德华·威尔逊（Edward O. Wilson）则更为深刻地指出："人类最大的问题在于，他拥有石器时代的情感和中世纪时期的制度，却掌握了天神才有的高超科技能力！"

　　上述两位都是我的偶像。事实上，笔者多年来不懈地从事科普工作，除了有想将"知的喜悦"与他人分享的这股激情之外，实际也包含着一种强烈的使命感，就是尽力提高大众的"科学素养"，使他们懂得将这种"天神才有的高超科技能力"用于善而不是用于恶。

　　大家手上的这本书，是这个使命的最卑微成果之一。千里之行，始于足下，基础的科学知识是一切科学素养的起始点。希望大家在提升科学素养的同时，也享受到"知的喜悦"。

李逆熵（李伟才）

目录

第七章　创意思考篇

地球最后一秒钟

第一章
地球生物篇

生物王国知多少

地球上的生物种类之多，远远超乎我们的想象。但更令人惊讶的是，科学家只需运用几个类别，就能把所有令人头晕目眩的生物大致归类。这些类别被统称为"生物界"。

如果请你说出有哪些生物界别，你一定会想到动物界和植物界吧！由此我们可以分辨出谁是"科学天才"，谁是"科学文盲"了，看看你能再说出多少个"界别"！

相信脑筋灵活的你会马上想到细菌。没错，自从科学家在19世纪发现了单细胞生物后，便界定出第三个生物界别：原生生物界。而今天连小学生也知道，它们当中许多成员都会引起人类疾病呢！例如大肠杆菌、沙门菌、金黄色葡萄球菌、幽门螺杆菌……你还能说出多少呢？

到了20世纪，情况变得更复杂了。你可能知道蘑菇其实不是植物！没错，科学家指出，真菌（例如蘑菇）不像真正的植物那般能够通过光合作用自制食物，也不像动物那样必须进食其他生物来维生，它们能够依赖没有生命的有机物质而茁壮成长。因此，真菌应该被看作是一个独立的界别，称为真菌界。至此地球上生物界别的数量已经增加到4个。

界别数目翻一翻

不过，故事还未结束呢！科学家想到，除了可以用进食方法分类外，生物之间还有一种更基本的分别，那就是细胞里的遗传物质（染色体 DNA）是聚集形成单一的细胞核？还是散布在细胞中而没有细胞核？按照这一划分，拥有细胞核的生物被称为"真核生物"，没有细胞核的被称为"原核生物"。所有的多细胞生物（包括人类）都是真核生物，而单细胞生物则既可是原核生物也可以是真核生物。于是，一些科学家便把原生生物界一分为二：原核生物界包含了所有原核生物，而沿用了旧名的原生生物界，则专指单细胞真核生物。看！我们现在已有 5 个生物界别了。

原核生物界在 20 世纪完结之前被再细分为两个界别——古细菌界和真细菌界，令地球上的生物界别增加到 6 个，而我还未介绍会引起流行性感冒和其他可怕疾病（如艾滋病、新冠肺炎）的病毒，以及导致可怕的疯牛病（牛海绵状脑病）的病源性蛋白呢！如果你已觉得有点儿混乱的话，让我们就此打住吧，因为现在的你已经比很多人都更了解生物分类了！

六亿年前是一家

我们或多或少都会对家族历史感兴趣。在西方国家，有专门替人追寻家族历史的专家，也有人愿意一掷千金来重建族谱。对很多西方人来说，知道自己是贵族后裔或是和有名的历史人物有关系（尽管关系疏远），是一件令他们兴奋的事情。

不过，对于像笔者这般的科学爱好者，最令人兴奋的"族谱"无疑是关于整个族类，即全人类的历史。在这有限的篇幅里，我会尝试把这些发现以生物分类的概念串联起来。

简单来说，地球上的生物可以用七个层级来分类：界（kingdom）、门（phylum）、纲（class）、目（order）、科（family）、属（genus）和种（species）。就算是小学生都晓得人类属于动物界，不过较少人知道的是，在地球 46 亿年的历史中，能够形成大量化石的多细胞动物大约在 6 亿年前才开始出现（更确切地说是，早在 5.4 亿年前），这是地球生物历史中一个划时代的事件，称为"寒武纪大爆发"（the cambrian explosion）。

人类属于脊索动物门（phylum of chordata），脊索动物门在寒武纪大爆发后不久出现。其他动物界的门有软体动物门（mollusca，包括蜗牛、蚬和八爪鱼等）和节肢动物门（arthropoda，包括螃蟹和蜘蛛等）等。不过我们较为熟悉的是自己所属的亚门（sub-phylum）：脊椎动物亚门（vertebrata），该亚门下的动物就是拥有脊椎的动物。

灵长目兴起

作为脊椎动物的一种，我们又属于哺乳纲（class of mammals）。在生物史上哺乳纲是较迟出现的。其他脊椎动物亚门的纲有圆口纲、软骨鱼纲、硬骨鱼纲、两栖纲、爬行纲和鸟纲，其中软骨鱼纲、硬骨鱼纲和爬行纲（后者包括了鳄鱼、蜥蜴、蛇和龟等）有着悠久的历史。直至大约 6500 万年前，恐龙灭绝后，哺乳纲和鸟纲才开始出现。

作为一种哺乳动物，我们又属于灵长目（order of primates）。除了人类外，灵长目还包括了所有类人猿（俗称猩猩）、猴子和狐猴（lemurs）。其他哺乳纲的目有啮齿目（老鼠和松鼠、海狸等）、翼手目（蝙蝠等）、食虫目（鼹鼠、刺猬等）、食肉目（狮、虎、豹等），以及偶蹄目（猪、牛、鲸和海豚等）。灵长目的历史估计和哺乳纲的几乎一样长。

"目"之下是"科"。人类究竟属于哪个科？让我们留到下一篇再谈。

人的世系

在上一篇，我们按照生物分类的"界、门、纲、目、科、属、种"追寻了人类的共同历史：从最初大约 5.4 亿年前，不同生命形态开始激增的寒武纪大爆发开始，之后脊索动物门衍生了一个亚门，称为脊椎动物亚门；脊椎动物亚门又衍生了一个纲，称为哺乳纲；在哺乳纲当中，有一个目称为灵长目，它包括了所有存在和已灭绝的人类、类人猿、猴子和狐猴。

灵长目中有类人猿亚目和原猴亚目，每个亚目下都有数个科，其中类人猿亚目中的人科（hominidae）包括了所有现存和已灭绝的人类和类人猿，但不包括猴子和狐猴。类人猿亚目的另一个科是长臂猿科（hylobatidae），包括了不同种类的长臂猿。其他不属灵长目的科则有犬科（canines），包括狗、狼和狐；还有猫科（felines），包括猫、豹、老虎和狮子。人科的历史不会超过 1000 万年，还不到灵长目历史的五分之一。

以属而言，我们属于人属（homo），人科下的其他属有黑猩猩属（pan，包括黑猩猩和倭黑猩猩）、大猩猩属（gorilla，包括东部大猩猩和西部大猩猩）、猩猩属（pongo，包括婆罗洲猩猩与苏门答腊猩猩），以及在 400 万年至 300 万年前存活过，但已经灭绝的南方猿人属（australopithecus）。人属是地球上非常新近的品种，其历史只有大约 280 万年。

以种而言，我们属于智人种（sapiens）——因此我们在生物学上的名称是人属智人（homo sapiens），人属中的其他种包括已灭绝的能人（homo habilis）和直立人（homo erectus）。智人的历史不会超过 20 万年，对地球的历史来说只不过是一瞬之间。

不可不教的家族史

你会发现我们的生物学名称其实是由我们的属名（人属）和我们的种名（智人）组成，有些科学家会把现代人类进一步分类，加上亚种的称谓，由于这个亚种也称为"智人"，因此我们的全名变为"人属智人种智人"（homo sapiens sapiens）。

界	门	亚门	纲	目	科	属	种	亚种
动物界	脊索动物门	脊椎动物亚门	哺乳纲	灵长目	人科	人属	智人种	智人

总结上述，人类的生物分类如下：

表面看来，这些分类学的知识好像颇为枯燥，但通过进化的角度，这些分类学背后隐藏着的，正是人类家族历史的秘密。

把人类放在生物世界中，再和生物进化的浩荡和悠久的背景互相对照，我们人类历史的庄严伟大马上活现在眼前。如果我们希望真正了解人类在宇宙中的位置，我认为每所学校都必须教授"家族史"这一课。

进化上的近亲

自从达尔文提出他的生物进化理论以来，引起最激烈争议的题目，莫过于人类从何而来。不少保守的宗教人士指摘进化论，指"人类由猴子演变而成"是对人类莫大的侮辱。

事实上，人类绝非由猴子演变而成。这是因为人类的远祖与猴子的远祖早在 2000 多万年前便分道扬镳，因此今天的猴子充其量只是我们的"远房亲戚"，跟我们的直系无关。

我们绝非由猴子演变而成

话说 6500 万年前恐龙灭绝后，哺乳类动物逐渐兴起。其中一种体型细小的树栖哺乳动物，逐步演化成我们今天所知的灵长目动物。今天的灵长目动物包括了狐猴、猴子和类人猿这三大类生物。它们固然都是远古灵长目生物的后代，但在亲疏方面却大为不同。

狐猴是演化得最早的灵长类生物，然后是身手敏捷的猴子。到了 2000 多万年前，才出现了最原始的古猿类。科学家认为，它们是人类和我们今天所认识的各种猿类的共同祖先。

然而，从这个祖先到今天的人类，其间的进化过程是十分漫长和曲折的。研究显示，最早分支的是长臂猿的祖先，之后是褐猩猩和大猩猩的祖先。与我们血缘关系最亲密的是黑猩猩，它们的远祖与我们的远祖，可能晚近至 500 万年前才分道扬镳。

我说 500 万年前属于"晚近"，这当然是相对生物进化的时间尺度来说。但就以人类有记载的历史而言，500 万年可是漫长得难以想象的岁月！其间，多种古人类曾经出现，也有多种古人类遭遇了灭绝的厄运。我们的直系祖先，是能够延续至今的唯一生还者。

　　还有一点要补充的是，直至 200 万年前，人类进化的舞台都只在非洲。到了 200 万年前左右，我们的一些远祖才开始走向欧亚大陆。而按照最新的理论，这些远祖的后代大都遭遇了灭绝的厄运。今天所有的人类，都是源自 20 万年前左右才开始离开非洲的一批祖先。

大家想必都听过北京猿人（sinanthropus pekinnensis）这种古人类吧？自发现后的大半世纪，差不多所有人——包括古人类学家，都很自然地把他看成是中国人的祖先。然而，过去数十年来，这一观点正受到越来越大的挑战。

多源论：由南方古猿进化

古人类学研究显示，早在 400 万年前，非洲东部就出现了懂得直立行走的古人猿——南方古猿（australopithecines）。到了 200 多万年前，出现了懂得制造原始石器工具的能人。而到了大概 100 万年前，出现了大脑容量与各种形态都更为先进的直立人。

直立人的分布已不限于非洲，而是遍布欧亚各地。距今约 70 万年的爪哇猿人及距今约 50 万年并且懂得用火的北京猿人，都是直立人的代表。

直至 20 世纪 80 年代，绝大部分古人类学家都认为，直立人在进一步的进化之后，就成为智人，也就是像你和我一般的现代人。由于直立人早已分布各处，这套有关现代人起源的理论被称为"多源论"（multiregional theory）。

单源论：原祖母亲来自东非

然而，过去数十年来，基于DNA研究的"单源论"（monogenesis theory），正得到越来越多科学家的认同。直立人是人类的直系祖先这一理论，正受到前所未有的动摇。

通过"基因中性突变"所提供的"进化分子钟"概念，科学家深入分析了只遗传自母亲一方的线粒体脱氧核糖核酸（mitochrondrial DNA）在地域上的形态变异。由此而建立的基因系谱树显示，现存的所有人类，皆来自距今 20 万年至 15 万年居住于东非的一位"原祖母亲"！

这个被称为"夏娃假说"（eve hypothesis）或"源自非洲"（out-of-africa）的假说，把世界各地生活早于 20 万年的直立人都从人类的直系中剔除。这一结论在古人类学界引起了激烈的争论。但近年的趋势是，越来越多的科学家已站到单源论的一方。

对于中国古人类学家来说，这实在是一个难以接受的理论。如果懂得用火的北京猿人不是我们的祖先，而于 20 万年至 15 万年前才离开东非的一族古人类才是，那么我们为何至今仍未找到这趟"异族入侵"的化石证据呢？而北京猿人又为何灭绝而没有留下后代呢？

不过，由于直立人也来自非洲，所以无论是多源论正确，还是单源论正确，我们都是非洲传人。

人类大迁徙

在我们的历史课本中，民族迁徙往往不被视作一个重要的题目。我们在学习四大文明古国时，往往都只是集中了解一个既定的民族（例如古埃及人或华夏族）在一个既定的范围（如尼罗河或黄河流域）的文明建设和历史发展。

然而，民族的迁徙、分离、融合等变化，在人类历史进程中其实具有举足轻重的地位。如果我们把眼光放得更远而超越文字记载的历史，那么一幅更悠久和浩大的绚丽画卷将展现在我们的眼前。

大迁徙的绚丽画卷

笔者所说的是，过去数十万年甚至上百万年，人类的祖先在这个星球之上的大迁徙历史。

科学家的研究显示，人类祖先与猿类祖先的"分家"，最少有500万年的历史。但在最初的300多万年，人类祖先的活动范围都只限于非洲。直到100多万年前，其中的一支古人类离开非洲进入亚洲大陆，并一步一步地向东进发。过去100多年，科学家所发现的爪哇猿人、北京猿人、蓝田猿人、元谋猿人等，相信都是这一支古人类的后代。另一支稍后进入欧洲，其代表之一是海德堡人。

但问题是，按照基因系谱的深入分析，不少科学家认为上述的古人类皆非现代人的直系祖先。也就是说，他们都属于人类进化史上一些已灭绝的旁支，在这次"大迁徙"中没有留下后代。

那么现代人的祖先是谁呢？按照科学家的推断，现代人（学名是"智人"）的直系祖先于20万年至15万年前出现在非洲东部。他们离开非洲后最少产生了两个分支，一个是最终也灭绝了的尼安德特人（neanderthal man），另一个是延续至今的现代型智人。

尼安德特人的活动范围只局限于欧、亚大陆，但新型智人的足迹则遍布全球。连最后的一片冰封大陆——南极，也终于在 20 世纪被智人所征服。

讲到这，我们其实已跑在故事的前头。智人离开非洲后最先征服的大陆是亚洲，其中一个例子是跟北京猿人同样在北京周口店出土，但年代却大为不同（距今约 10 万年）的山顶洞人。另一个同样距今约 10 万年，但所处的地理位置却颇为不同的古代智人是马坝人。他们的遗址在广东省北部的韶关附近。

智人征服的第二个大陆是欧洲。其中最具代表性的是最先于法国出土的克罗马农人（cro-magnon man）化石，其生活年代距今 3 万多年。

如何抵达大洋洲和美洲

差不多于同一时期，亚洲的一支智人不断向南推进，于 4 万多年前抵达了大洋洲的澳大利亚。也就是说，直至 4 万多年前，整个澳大利亚都是袋鼠和树袋熊的天下，而没有半点人类的踪迹。

以人类出现的晚近而言，排于榜首（也可说榜末）的不是大洋洲，而是北美洲和南美洲，而且在年代上晚了一大截。

经过了近 200 年的辛勤发掘，考古学家在美洲所找到的人类遗迹，最古老的也不超过 1 万 3000 年。证据显示，美洲的原住民是于 1 万 3000 年前左右，从亚洲的最东端进入美洲的北部，然后再由北向南地逐步迁徙并遍布两个大陆的。

今天的白令海峡把亚洲和北美洲分隔开来。但在当时，由于地球处于冰期，大量的水冰封于南北两极，海平面的高度较今天的低很多，而且两个大洲之间有陆地连接。相信当时的人便是通过这条"陆桥"迁徙至"新世界"（南北美洲的统称）的。

人类抵达澳大利亚的情况也有点相似。当时正值冰期的另一个高峰期，虽然当时没有造船的技术，古人类也许不能完全从亚洲步行至澳大利亚，但其间要跨越的海域也应该比现在窄很多。一些古人类可能是抱着树木，无意间被冲到澳大利亚去的。

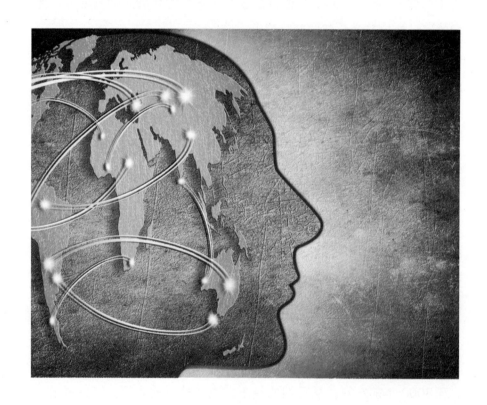

克隆知多少

大家有看过《侏罗纪公园》（*Jurassic Park*）这部科幻电影吗？即使没有看过，你也可能知道，这是一个有关恐龙重现今日世界的惊险故事。既然恐龙已灭绝，又如何可以重现呢？啊！这便涉及一个崭新的生物科技：克隆技术（cloning technology）。

克隆是英文"clone"的音译，这个词既可用作名词也可用作动词。所谓克隆技术，是指一种无需通过两性交配的生物复制技术，所以有时也称为"无性生殖技术"。

其实早在 20 世纪的下半叶，科学家便已通过这一技术复制出一些像蜥蜴等较低等的生物。但真正轰动世界的是，1997 年由苏格兰科学家成功培育的克隆羊——多莉（Dolly）。

先要了解有性生殖

过去十多年来，世界各国的科学家已成功地克隆了牛、马、犬，甚至骆驼等生物。

那么克隆技术究竟是怎样的一回事？要回答这个问题，我们必须对"有性生殖"（sexual reproduction）有初步的认识。

在所有具有雄性（male）和雌性（female）的两性生物（bisexual organisms）之中，生物体内的细胞可以分为两大类：占了生物躯体 99.9999％ 以上的体细胞（somatic cells），以及数量少得多的生殖细胞（gametes）。就动物而言，雄性的生殖细胞是精子（sperms），而雌性的生殖细胞是卵子（egg）。

无论是精子还是卵子，生殖细胞与构成我们身体的体细胞有一个很大的区别，那便是它们的细胞核（nucleus）内只包含着一半的遗传物质。就人类而言，体细胞的细胞核内包含了 23 对，即 46 条染色体（chromosomes），而生殖细胞则只拥有一半，即 23 条染色体。

这正是有性生殖背后的秘密：当精子和卵子结合（受精）之后，精子中的 23 条染色体跟卵子中的 23 条染色体会结合在一起，从而形成 23 对染色体。这是个拥有一半来自爸爸，一半来自妈妈，但总的来说拥有一套完整遗传物质的受精卵（zygote），它可以一步一步长成一个胚胎（embryo），最后长成一个独立的生物个体——例如正在阅读的你，或正在写作的我。

且慢！刚才说受精卵因为拥有一套完整的遗传物质，因此可以发展成一个独立个体，但我们体内的每一个体细胞不是都同样拥有一套完整的遗传物质吗？那么是否说，每一个体细胞都有潜质发展成为一个独立的生命体呢？

"欺骗"体细胞繁殖

我之所以说"有潜质"，是因为这些体细胞早已分化（differentiate）成我们身体各部分的细胞，所以在现实中不能与受精卵相提并论。但正是受到了上述分析的启发，科学家才发明了无性生殖的技术。

虽然克隆技术在现实中异常复杂，但它背后的原理却十分简单。就以"多莉"为例，科学家先从一只羊身上的体细胞那儿取出细胞核，然后把这个细胞核注射到一个被移除了细胞核的卵细胞中。最后，他们把这一颗"假扮"受精卵的细胞放到一头雌羊的子宫内。数月怀胎之后，一头既无母亲又无父亲——或是说，母亲和父亲都是同一个体的克隆羊出生了。

　　这是一个十分惊人的技术，因为如此的一个生物个体，在大自然几十亿年的漫长进化过程中从未出现过！这个技术至今仍未应用到人身上，因为由此引起的伦理争议实在太大了。

　　让我们回到文首提到的电影《侏罗纪公园》上。恐龙既已灭绝，我们又如何能找到它的染色体呢？原来电影巧妙地假设，科学家从一些由远古树木的树脂分泌形成的琥珀之中找到了一些蚊子（科学家戏称这些包裹着昆虫尸体的琥珀为"大自然的玻璃棺材"），而蚊子的体内藏有它之前吸入的恐龙血液。科学家正是从这些血液中提取恐龙染色体的。

　　即使有了染色体，我们又从哪儿找到恐龙的卵细胞呢？这儿电影更大胆地假设，科学家成功以青蛙的卵子来充当这个角色。这当然超越了人类现时掌握的克隆技术，但既然是虚构的电影故事，我们也就不必深究了。

热血恐龙族

通过地层里的化石，人类认识恐龙这种古生物已近 200 年。可是，在最初的 100 多年里，大部分人都把恐龙看成一个失败的族类。可不是吗？恐龙的身躯虽然巨大无比，但脑袋相对来说却小得可怜。不用说，它们必然又迟钝又愚笨，才会因为不能适应环境的变化而被淘汰吧！

事实却是，恐龙在 2 亿多年前便已崛起，至 6500 万年前才灭绝，统治地球达 1 亿 5000 万年之久！又蠢又钝的生物怎能称霸如此长久呢？

20 世纪 70 年代，一个名叫巴克（Robert Bakker）的美国古生物学家提出了一个当时被认为是离经叛道的观点。他不单指出恐龙可能比我们想象中更为聪明，而且可能是一种热血（严格来说是可以自行调节体温）的动物，而非冷血动物。

过去数十年来，对恐龙的进一步研究已逐步证实了巴克的观点。今天，我们知道恐龙其实是一种高度进化的生物。它们不少是过着巢居的群体生活，十分注重照顾后代，并懂得以协作方式集体狩猎。而且，部分恐龙已习惯用后肢直立奔走，前肢则可做一些较灵巧的动作。

1993 年，好莱坞鬼才大导演史蒂文·斯皮尔伯格把这种"新恐龙观"带给大众，电影《侏罗纪公园》使人们对恐龙的矫健和机智刮目相看。

恐龙灭绝非战之罪

那么恐龙为什么会灭绝？科学家认为，这是因为一颗小行星从太空猛烈撞向地球所致。莫说恐龙无法抵挡这场灾难，如果类似事件发生在今天，人类可能也难逃厄运。

一些科学家曾经臆测，如果6500万年前的这场灾难没有发生，恐龙继续进化，那么它们能否发展出高等智慧，从而衍生一族"恐龙人"呢？

科幻作家哈里·哈里森（Harry Harrison）便曾以此为出发点，写了一部小说《伊甸园之西》（*West of Eden*）。小说描述地球上有两种智慧族类——人类和恐龙人，并写出了人类大战恐龙人的情节！这部小说既富有科学性又富有娱乐性，极力推荐大家找来一读。

恐龙的后代

稍有生物学常识的人都知道，恐龙属于爬行类动物。而今天生存在地球上的爬行类动物，则包括蜥蜴、鳄鱼、蛇、龟等。那么是否说，这些生物都是恐龙的后代呢？

不少人都想当然地以为事实就是如此，可是他们都错了！恐龙的后代是什么，告诉你可能会令你大吃一惊：我们日常所吃的鸡、鸭、鹅等禽类，才是恐龙的真正后代！

原来爬行类动物远于 3 亿年前便已兴起，到了 2 亿多年前，其中一部分进化成为恐龙，一些更成为了陆地上出现过的最庞大生物。

恐龙主要分为两大目，第一种叫蜥臀目，因为它们的骨盆与今天的蜥蜴相似，故得名。体型最大的雷龙，以及有史以来最巨大也最可怕的猎食性动物——霸王龙，都属于蜥臀目恐龙。

第二种恐龙称为鸟臀目，原因是它们的骨盆较像我们今天所知的鸟类。剑龙、甲龙、三角龙、鸭嘴龙等都属于鸟臀目恐龙。

严格地说，在天空翱翔的翼手龙属于翼龙目，只能算是恐龙的近亲而非真正的恐龙。今天，翼手龙已没有留下任何后代。现在真正占领了地球天空的，却是恐龙的后代——鸟类。

基因复制动物逆天而行

在 1 亿 5000 万年前的地层中，科学家发现了一种十分有趣的古生物: 始祖鸟（archaeopteryx）。这种生物体型不大，但前肢特长，而且长有长长的羽毛。可是另一方面，它的嘴里长有牙齿，而前肢的末端则长有指爪，也就是说仍然保留着不少爬行类动物的特征。

科学家认为，经历了漫长的进化后，这种带羽毛的恐龙最终成为了今天的鸟类。

　　在前文提过的《侏罗纪公园》这部电影中，故事结局是，男、女主角等人乘坐直升机离开恐龙岛，并且望见了窗外的一群飞鸟。大部分观众对这一瞬即逝的镜头都不以为意，其实背后蕴含着十分深刻的寓意。导演斯皮尔伯格想传达的信息是：恐龙已经有它的后代——鸟类，刻意以基因科技让恐龙"复活"，是逆天而行的愚蠢行为。

神奇的干细胞

近 10 多年来，有关干细胞（stem cell）的研究，在科学界掀起了一阵热潮。不少人都热切期望，有关的研究成果能为医学界带来一场重大的革命。那么，究竟什么是干细胞呢？

还记得我们在前文《克隆知多少》中，讲述了科学家如何"欺骗大自然"，把含有完整遗传物质的体细胞"假扮"成原本应由生殖细胞结合而成的受精卵吗？有关干细胞的研究，与上述的原理可谓如出一辙。

就一个正常的受精卵而言，它不但会一分为二，二分为四，四分为八等分裂生长，而且在分裂的过程中，处于不同位置的细胞会出现分化现象，并逐步形成不同种类的细胞、器官和结构，最后变成一个新的生命个体。这是自然界最奇妙、最伟大的一个奇迹。不用说，世上所有的多细胞生物——包括你和我——都是这样变成的。

干细胞的种种

与受精细胞相比，有些组成我们身体的体细胞不会分裂（如我们的脑细胞），而就算是懂得分裂的，也只会形成更多同类型的细胞（如肌肉、血液、皮肤等），而不会一边分裂一边分化。尤有甚者，如果我们抽取一些这样的细胞放到实验室里培养，无论我们如何悉心料理，它们在分裂了数十次之后，都会陆续死亡。

有了以上的认识，我们终于可以解释干细胞是怎么一回事了。所谓干细胞，是指那些未分化，并且有条件分化成不同类型细胞的基础型细胞。

从功能上来看，这些细胞大致上可以分为下列 4 类。

（一）全能干细胞

主要指可以形成一个完整、独立的生物个体的受精卵，或是在头一两次分裂后，有机会形成多胞胎（identical twins）的那些细胞，如胚胎干细胞。

（二）多能干细胞

主要指向某一类组织的不同细胞分化的干细胞，如造血干细胞、神经细胞等。

（三）多潜能干细胞

可以形成不同但属于相近类别细胞的一种干细胞，如骨髓间充质干细胞。

（四）单能干细胞

通常是成体组织或器官中的一类细胞，只能向单一方向分化，产生一种类型的细胞，如上皮组织基底层的干细胞、肌肉中的成肌细胞。

实现人类"回春"梦

从来源上来看，干细胞又分为胚胎干细胞（embryonic stem cell）和成体干细胞（adult stem cell）两大类。顾名思义，胚胎干细胞必须从刚形成的胚胎中提取，但由于这一提取过程会伤害胚胎，而胚胎原则上可以发育成为一个完整的生命个体，因此这类研究在一段颇长的时间里引来了极大的争议。（虽然科学家所用的胚胎，绝大部分都是人工受孕过程中剩余的胚胎）一些国家，如美国更一度禁止基于胚胎干细胞的研究。

幸运的是，科学家近些年在开发成体干细胞方面取得很大的进展。这些细胞主要来自新生儿出生时的脐带血（umbilical cord blood）和我们的骨髓（bone marrow）。由于它们的提取过程不会导致胚胎的死亡，所以不存在道德上的争议。

干细胞技术的应用，在某种程度上实现了人类千百年来有关"回春"（rejuvenation）的梦想。它可以帮助医治不少我们迄今仍然束手无策的疾病，包括很多因为身体功能衰退而出现的毛病。正因这样，一些专替新生儿储存脐带血的公司已经应运而生。这些婴儿的父母寄望，假如婴儿长大后不幸出现严重的疾病，医生可从冷藏库中拿储存的脐带血干细胞为其进行治疗。

疾病何处来

相信大家都有过生病的经历。但大家有没有想过，我们为什么会生病呢？

"因为病毒感染！""因为细菌感染！"大家可能已经迫不及待地嚷道。

这两个答案当然没错。如果我再问你："病毒和细菌有什么区别呢？"或问你："除了这两个原因，还有别的致病原因吗？"如果你一时间答不上来的话，不打紧！现在就让我们以科学的眼睛，全面地考察"疾病何处来"这个关乎每一个人的问题。

病原体作怪

首先，疾病的由来大致可以分为"内因"和"外因"两大类。所谓内因，是我们身体某些功能的失调而致病。这些失调可以是先天的（如遗传病），也可以是后天的（如心血管病）。现代人的头号杀手——癌症则可说横跨两者：一些癌症主要属遗传性（即先天性），另一些则主要由后天的因素导致（如吸烟引致肺癌）。

从吸烟致癌这个例子得知，"内因"这个类别名称其实不大恰当。例如心血管病与我们的饮食和生活习惯关系密切，因此摄取过量的脂肪和热量，可被看成是一种"外因"。

较科学的一种分类是，疾病是否由某些外来的病原体（pathogen）所致。从这个角度看，遗传病、心血管病和大部分癌症皆与特定的病原体无关，因此与霍乱、痢疾、天花、麻风、感冒、艾滋病、新冠肺炎等有着本质上的区别。

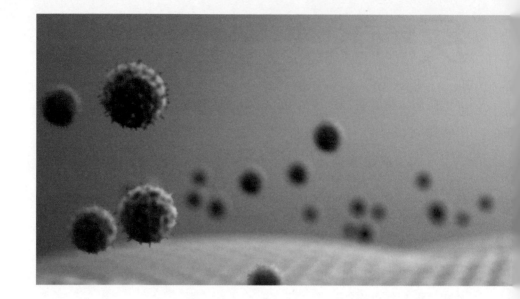

大家可能立即看出，上述的疾病都带有传染性（contagious）。没错，由于病原体可以由一个人传到另一个人（甚至一群人）的身上，所以传染病的背后都有病原体在作怪。

那么这些病原体是什么呢？前面提到的病毒（virus）和细菌（bacteria）固然是最重要的两大类，但还有另外两类，大家可能不大留意甚至不大认识，它们便是真菌（fungus）和朊病毒（prion，又称蛋白感染粒）。所以，我们应该从人类对这些病原体的认识说起。

4 种不同的病原体

大致上，人类认识病原体的先后是由这些病原体的大小所决定的：虽然致病真菌的体积一般都很小，但总比只有通过显微镜才看到的细菌大得多，因此被确立为致病原因的时间最早。相比起来，只有通过电子显微镜才能观测到的病毒，体积较细菌还要小得多，因此它被确立为致病原因的时间也晚得多（基本上是 20 世纪的事情）。至

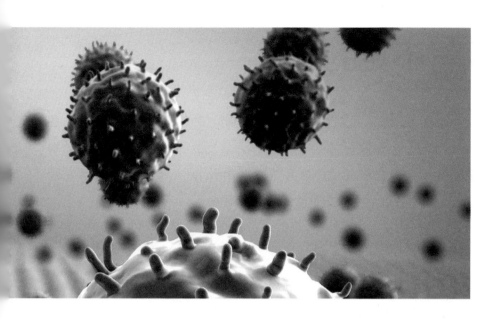

于朊病毒，发现的时间不但更晚（20 世纪 80 年代），更给科学界带来不少困惑。

为什么这样说呢？原来 4 种病原体分属 4 种截然不同的生命形态：真菌属多细胞生物（不是想倒大家的胃口，但引起皮肤癣的真菌与大家喜欢吃的香菇实属同一类别的生物），细菌属单细胞生物，病毒属于无细胞生物（只有遗传物质 DNA 而没有蛋白质），而朊病毒只有蛋白质。

没有细胞而只有赤裸裸的核酸（DNA）也能叫作生命吗？病毒被发现之初曾在科学界引起过一场争论。然而，导致既可怕又神秘的疯牛病的朊病毒竟然连 DNA 都没有！我们对"何谓生命"的认识又再次受到挑战！

在治疗方面，聪明的你也可能猜到：治疗真菌引起的疾病相对容易，细菌的次之，病毒又次之。至于可怕的朊病毒（幸好它引起的疾病不多），科学家至今仍是束手无策！

看不见的战争

世界上充满着可以致病的细菌和病毒，为了保护自己，地球上各种生物都进化出不同的防御能力。作为最发达的一种生物，脊椎动物更进化出一套先进的"免疫系统"（immune system）。今天，就让我们看看这套系统在人体中是如何运作的。

免疫系统的两大防线

可引起疾病的细菌和病毒我们统称为病原体（pathogen）。我们的皮肤对这些病原体来说是一道非常有效的屏障。皮肤的损伤以及我们的眼、耳、口、鼻，则成为了病原体冲破这道屏障的入侵缺口。

病原体要通过眼、耳、口、鼻进入我们的身体其实并非易事，因为这些器官都会分泌一些黏液或拥有纤毛，可以把闯进的异物过滤、排斥，即使我们不慎把它们吃进肚里，胃内的酸液也会把它们消化掉。

然而，假如我们的皮肤受到破损时处理不当，或是我们吸入、吃进较为顽固的细菌和病毒，这些病原体便会跑进我们的体内进行破坏。这时，我们的第二道防线将会发挥作用。

这道防线的主力是免疫细胞（immune cells）。这些细胞主要由我们的骨髓（bone marrow）所制造，然后被送到血液、淋巴系统（lymphatic system），及脾脏（spleen）和一个名叫胸腺（thymus）的器官中去。

在血液中，这些便是我们熟悉的白细胞（white blood cells）；而在淋巴系统中，它们则被称为淋巴细胞（lymphocytes）。它们就

▲ 白细胞

像不眠不休的警察，每时每刻都在我们的体内巡逻。一旦发现有入侵者，便立刻群起而攻之。

在这些肉眼看不见，却每分每秒都在我们体内发生的战争之中，免疫细胞与病原体的连场大战，主要体现为抗原（antigen）与抗体（antibody）之间的"斗智"和"斗力"。

抗原和抗体的斗智斗力

什么是抗原呢？理论上，任何会触发身体的免疫反应的异类物质都被列为抗原，它们可以是细菌和病毒，也可以是一些没有生命的物质（如引起各种过敏反应的物质）。就细菌和病毒而言，关键往往在于它们表面的异样化学物质。正是这些物质，令免疫细胞识破入侵的外来者，从而释放出抗体与之对抗。

为什么说是"斗智"和"斗力"呢？

原来所谓斗智，是指免疫系统能识别入侵者的类型，从而快速找来相对应的抗体与之对抗。但世间上的抗原种类何止千万！我们的身体又怎能在短时间内制造出合适的抗体与之匹敌呢？曾经有过一段时期，医学界对这个问题——术语称为抗体的特异性（specificity），大惑不解。

　　经过深入的研究，科学家惊讶地发现，人体的免疫系统经历了非常漫长的进化，已经储备了数百万种不同类型的抗体。也就是说，无论哪一种抗原入侵，我们的身体大都可以找到一些合适的抗体。这种"斗智"（其实也没有什么"机智"可言），大可称为"有备无患战略"。

　　那么什么是"斗力"呢？原来所谓"斗力"，是指身体能够在很短的时间内，把这种具有针对性的抗体大量地复制出来。这些抗体往往不会直接把敌人歼灭，而是把它们牵制着，并引来一些名叫巨噬细胞（macrophages）的真正杀手，继而把敌人逐一吞噬和消灭。

　　免疫系统最奇妙之处在于它拥有记忆，即能把曾经入侵的抗原列入"黑名单"。日后那些抗原再次入侵的话，身体就能在极短时间内产生大量的有关抗体，令那些抗原在作恶之前就彻底被消灭。这正是为什么有些病我们只要患过一次，便终身都具有免疫力的原因。

脑子的进化

脑子是宇宙间最复杂、最奇妙的东西。不是吗？如果你没有脑子，你根本不会明白我现在在说什么。当然，如果我没有脑子，我也不可能写出这些句子。

放眼宇宙，如果不是我们头颅中的这团灰白色的物体，我们又如何得以认识宇宙那多姿多彩和无与伦比的精妙之处呢？

不用说，要充分了解宇宙，我们必须先充分了解脑子本身。

脑子能否了解自己

啊！这真是天下间最奇妙的事情！我们靠脑子来认识事物，到头来还必须靠脑子来认识脑子。嗨！我的脑子，我现在正在思考"你正在如何思考"呢！

笔者不是在开玩笑，不少哲学家都曾经被"脑子是否能够充分了解自己"这个问题所困扰！

但我们不是哲学家（起码暂时不是），所以让我们先跳过这道难题，进而看看科学家在研究脑子的道路上有什么发现。

科学家发现脑子的结构和复杂程度，在不同的动物身上大为不同。一只蚂蚁的脑子其实只是几团较为有组织的神经细胞而已。相对而言，一只猫的脑子不但大得多，也包含着众多复杂和精密的结构，而且彼此存在着精细的分工。

不用说，人类的脑子是所有动物中最复杂的了。但最为有趣的是，虽然人类的脑子如此复杂，但它与其他较高等动物的脑子都有着十分近似的结构，只是发达的程度有所不同罢了。

从最简单的角度看，人类的脑子可以分为大脑（cerebrum）、小脑（cerebellum）和脑干（brain stem）3 个主要部分。大脑有个重要的部位叫"大脑皮质"（cerebral cortex，又称"大脑皮层"），它主管的是较高层次的感情和思维能力，虽然在其他较高等动物中也存在，但以人类的最为发达。

相反，小脑和脑干所主管的是较低层次的生理功能、感官反应、活动能力等，并普遍存在于所有较低等的脊椎动物身上。

脑子与人格的三重结构

从结构上而言，小脑是从脑干的基础上发展起来的，而大脑则是从脑干与小脑的基础之上进一步发展起来的。正因如此，一些科学家指出，从脑干到小脑到大脑的发展，正反映了动物在漫长的进化过程中，脑袋不断扩展、不断提升的一个历程。

事实上，在高等的哺乳类动物，特别在人类以及猿类和猴类这些统称灵长目的高等动物身上，大脑皮质的最外层，还有一层被科学家称为"新皮质"（neocortex）的复杂结构。这一结构掌管着一些更高层次的感情和思维。也就是说，如果我们把脑干和小脑结合在一起看，我们的脑子是一个具有脑干加小脑、大脑、大脑新皮质的高级进化产物。按照一些科学家的生动描述，我们的脑子是"一个高级的'灵长脑'（primate brain）包着一个中级的'哺乳脑'（mammalian brain），里面再包着一个低等的'爬行脑'（reptilian brain）"。

一些科学家更大胆地猜测，认为人类不少心理上和行为上的不协调甚至自相矛盾，都源于脑子中不同层次的不同倾向与需求之间的斗争。

无独有偶，20 世纪初的心理分析学（psychoanalysis）奠基者弗洛伊德（Sigmund Freud）通过深入的研究，把人类的心理结构分为"本我"（id）、"自我"（ego）和"超自我"（superego）3个层次。其间的关联虽然颇难进行严格的科学论证，但这个划分与脑生理学家的发现的确颇为吻合呢！

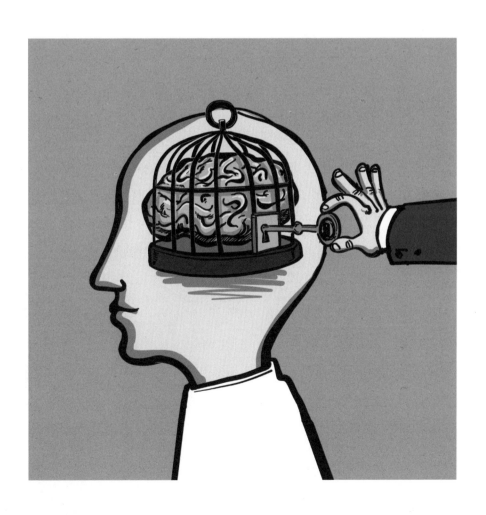

花花世界

    如果我告诉你，人类普遍都对植物的生殖器官迷恋不已，你是否会觉得甚为惊讶？女性尤其喜欢收到异性，特别是心爱的人所送的一整束植物的生殖器官呢！

    看看这篇文章的题目，聪明的你应该猜到我所说的其实是花朵。虽然大部分人都爱花朵，但相信很少人会像我刚才那样描述花朵。我还想带出一个信息：虽然花朵只是植物的生殖器官，但从进化的角度看，它们是地球生物史上一项迟来的伟大创造。

迟来的花香

    这迟来的创造有多"迟"？答案可能令你再吓一跳。在地球46亿年的历史中，花朵在最近1亿年才开始登场！如果我们把地球的历史转化为一天中的24小时，那么就会发现差不多整天都没有花香，因为直至过了晚上11时，芬芳的花朵才姗姗来迟！当然，不是所有花朵都是香的。

在恐龙的全盛年代，裸子植物（gymnosperms，源自希腊文，意思是"赤裸的种子"）雄踞了整个植物界，地球上一朵花也没有。直至来到恐龙时代的末期，会开花的被子植物（angiosperms，源自希腊文，意思是"被包裹的种子"）才开始出现。小行星撞击地球导致恐龙灭绝，地球的气候随之发生剧变，于是被子植物取代了裸子植物，成为地球上主要的植物品种。

装饰妥当的星球

那是否表示裸子植物已经绝种了呢？当然不是！裸子植物，如松树、杉树、红树和各种蕨类植物仍然覆盖在地球上不少地方。然而，就品种的多样性和地域分布而言：被子植物，如橡树、枫树、榕树、桦树和木兰科植物，以及漂亮的花卉，如玫瑰、牡丹、菊花、百合、水仙、莲花、郁金香、向日葵等，在今天的地球上占有主要的地位。它们成功的秘密在于，这些植物在授粉之后，它们的种子会被很好地保护和滋养，因此它们能够更好地适应各种各样的环境变迁。

请试想想：如果没有了各种美丽花朵那绚烂的色彩和甜美的芳香，世界会变得多么乏味！我们应该心怀感激，因为当人类在地球上出现时，我们的星球已经被好好地装饰妥当了。花朵历史虽短，但人类的历史比花朵更短！不过，那又是另一个故事了……

人口爆炸和人口塌陷

你肯定听说过"人口爆炸",那么有没有听说过"人口塌陷"呢?事实上,无论是"爆炸"还是"塌陷",对人类而言都是个灾难。而最讽刺的是,我们目前正同时受这两种灾难的威胁!

我们先从人口爆炸说起吧!试想象,在一支注满营养液的试管里放一个细菌,假设细菌一分钟后会一分为二,而每个新的细菌又会在一分钟后分为两个新细菌,如此类推。如果50分钟后试管充满了细菌,你知道什么时候试管中的细菌是半满的吗?

人口爆炸可令生态系统崩溃

在你开始进行一些复杂的计算前,只需细想片刻,就能知道上文的答案是试管全满的1分钟前,即第49分钟。这便是指数增长(exponential growth)的威力。

指数增长的特点在于初期的增长微不足道,但越往后的增长则越惊人。就全球的人口而言,经历了数百万年的增长,地球上的人类数量于20世纪初才增加至约20亿。不过,仅仅在一个世纪内,这个数字已增加3倍多,变成了今天的75亿!

只要思考一下这个事实就知道情况有多严重:自20世纪以来出生的人类数目,已经超过在此之前曾经活在这个星球上的人类总数!

如果我们把人口增幅随之而来的自然资源消耗,以及所产生的污染一并考虑在内,我们便可以想象如此的"人口爆炸"将会带来多可怕的灾难。如果人口像20世纪那样的速度继续增加,到了这个世纪末,地球上就会有大约180亿人类。在到达这个数字之前,地球的生态系统可能早就崩溃了。

讽刺的是，在大部分富裕的地区，例如欧洲各国、日本、美国、加拿大等，出生率正快速地下降，从而导致人口"老龄化"的问题。这是因为许多人选择只要一个孩子，甚至放弃生育。同样的情况也发生在中国香港及较邻近的新加坡等地。就短期而言，这些地区可以通过接受高出生率地区的移民来"补充"人口。不过，随着世界上大部分地区都变得富裕起来（当然这是个理想的情境），全球性的人口塌陷可能会威胁到人类的延续。

唯一的答案

人类现在似乎在上演一部荒谬剧：短期来说"人口爆炸"会把地球弄垮，较长远来说"人口塌陷"会把人类自己弄垮。我们为什么会沦落到这样的田地？

在笔者看来，问题的解决方法其实再简单不过，就是每对夫妇都生育两个孩子，不多也不少。没错，现实中情况可能稍微复杂一些，因为婴儿有可能会夭折，男性和女性的出生率并非正好是 1 : 1，而有些人也会选择维持独身等。

不过，这些情况不会改变这个基本的事实：由于"复式增长"（exponential increase）和"复式递减"（exponential decrease）都是绝对不可持续的（fundamentally unsustainable），因此笔者认为生育两个孩子是解决人口爆炸和塌陷的唯一答案，也是解决人类长远延续的终极答案。你觉得呢？

地球最后一秒钟

第二章
自然气候篇

呼吸的大气

我们都知道，自然界中的平衡对我们十分重要。而其中一项至关重要的平衡，正存在于给予我们生命的地球大气之中。

大气约有 21% 是由氧气组成的，我们知道动物需要氧气才能生存：动物呼吸时会吸收氧气，释放二氧化碳。如果地球上只有动物，那么大气层里的氧气含量就会逐渐减少，而二氧化碳的含量就会不断增加。

不过这个情况不会发生，这是因为地球上还有植物。植物进行光合作用时会吸收二氧化碳，继而释放氧气。这个过程是互相平衡的，因此大气中的化学成分就能维持在稳定的水平了。

有植物前没有"自由的氧气"

虽然这个平衡机制是连小学生也知道的常识，不过这种平衡状态却并非一直如此。地球形成的初期，大气中几乎没有氧气，这是因为氧元素是非常活跃的一种元素。当氧元素和其他元素接触时，它们很容易结合在一起。如果和氧气接触的是氢气，得出的化合物便是水。如果和氧气接触的是部分金属，那得出的化合物就是金属氧化物（oxide），例如氧化钠、氧化钙、氧化镁等。

直至大约 20 亿年前，随着植物通过光合作用不断制造氧气，氧气才开始在地球的大气中显著增加。自此，植物的光合作用便和动物的呼吸作用维持着动态平衡。

何谓动态平衡呢？假如地球上的动物数量突然暴增，它们会消耗更多氧气，同时往大气层释放更多二氧化碳。另一方面，由于二氧化碳的浓度提高了，植物会变得更茂盛，因而吸收更多二氧化碳，释放更多氧气。因此，大气层中的氧气和二氧化碳水平最终会回复原状。

假如植物的数量突然大增又会怎样？由于动物最终以植物作为食物，植物数量的增加就会令动物数量的增加，增多的动物会吃掉大量植物，结果仍能维持平衡状态。

科学家认为，由于氧元素非常不稳定，如果一个星球的大气中存在氧气，那便是那个星球上有生命存在的强而有力的证据。最先提出这个独到见解的是英国科学家洛夫洛克（James Lovelock）。但坏消息是，在太阳系所有的行星之中，地球是目前已知的唯一拥有氧气的星球。要在地球以外的星球寻找生物，似乎要在太阳系以外寻觅了。

微妙的生态平衡

我们在上一篇看到，大气中的化学成分能够维持稳定对我们是多么重要。科学家的研究发现，自然界中还有许多这样的动态平衡（dynamic equilibrium），其中一个最引人入胜的是，捕食者（predators）和被捕食者（prey）之间的平衡。

让我们以狐狸和兔子为例吧！（我们用"狐狸"这个俗称代表"狐"。严格来说，"狐"和"狸"是两种不同的动物）如果树林里有很多兔子，狐狸便能捕食到很多兔子作为食物，因此狐狸的数量会大增。不过随着狐狸的数量增加，兔子便会迅速地被捕食而数量骤降，甚至趋于绝种。

幸好在兔子就要绝种前，因为狐狸太多而食物太少，大量狐狸会因而饿死。然而，随着狐狸的数量急剧下降，劫后余生的兔子便会慢慢地兴旺起来，它们的数量会急速反弹！

制衡、调节生生不息

当兔子的数量再次暴增，狐狸便得救了！由于到处都是食物，它们的数量便会急速上升。聪明的你至此应该知道，狐狸和兔子的数量已经出现了一个完整的循环。事实上，捕食者和被捕食者之间的相互制衡和调节的作用不止发生一次，而是会连续不断地发生。

这个动态平衡比我们之前认识过的都更为引人入胜。这是因为，虽然捕食者和被捕食者互相制衡，但它们的数量并非静止不动，而是展现一种周期性的波动。

假如我们把捕食者和被捕食者的数量随着时间变化绘成图表，我们会得到两条起起伏伏的曲线，一条代表捕食者的数量，一条代表被捕食者的数量。然而，这两条曲线的相位（phase，即什么时候达到最大值、什么时候达到最小值）会有所不同。稍微想想便会知道，捕食者数量的高峰会在被捕食者数量的高峰后不久出现，而数量上的低谷也会在猎物数量的低谷后不久出现。而这种周而复始的变化，便是我们常说的生态平衡（ecological balance）。

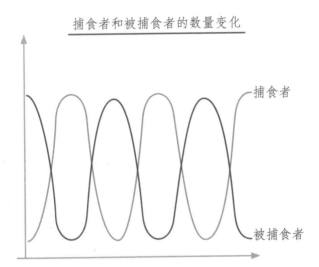

捕食者和被捕食者的数量变化

这当然只是生态平衡中最简单的一种关系。生物学家深入研究过不同物种之间的相互关系，例如捕食者、被捕食者、竞争者、共生体、寄生物、病原体等，而你至此当然应该猜到：维系这些生物网络的核心原理就是动态平衡。

四 海纵横话台风

综观各种灾害性的天气系统（inclement weather systems），若论影响范围的广泛和时间上的持久，位居榜首的非台风莫属。

想必大家对台风应该不会陌生，但你们对台风究竟知道多少呢？

台风不会现身赤道

首先，台风（typhoon）属于热带气旋（tropical cyclone）的一种，是在热带或副热带洋面上生成的一种气旋系统。一般来说，它的形成条件之一是，洋面的海水温度达 26 摄氏度或以上，因此只能在接近赤道的海洋上形成。

但有趣的是，赤道和十分接近赤道的地方反而不会受到这种热带气旋的影响！一个很好的例子是我们都颇为熟悉的新加坡。（大家知道新加坡的纬度是多少吗？立即找地图看看吧！）

为什么会这么奇怪呢？为了解释这个现象，我们必须对气旋的成因和运动状况做进一步的了解。

从最基本的原理出发，气旋之所以形成，是因为洋面的空气受热、膨胀和上升，从而形成了一个低压区（low pressure area）。而处于较高气压周围的空气，很自然地便会向这个低压区汇聚。于是，空气的流动形成了我们所感受到的风。

如果地球不会自转的话，这些风将会如"万箭穿心"一样流向低压区，然后相互碰撞，最后被迫向上升。

但地球是会自转的呀！由于地球不断自西向东地做自转运动，从北极上空看即逆时针运转。只要我们发挥一下想象力即可看出，上述

"万箭穿心"的气流将会由直线被拖曳得变为弧线，最后将会以一种逆时针的螺旋形式流向低压的中心。

且慢！上述的结论实际上只适用于赤道以北的北半球。但只要我们再次发挥我们的推想能力，我们将惊讶地发现，同样的情况如果发生在南半球时，气流将会以顺时针而非逆时针的螺旋形式流向低压区的中心！

从地球自转的"参考坐标系"看来，上述的气流运动偏折可被看成一股外力作用的结果，这股外力我们称为地转偏向力（geostrophic force）。

▲ 热带气旋

南北半球风向逆转

不用说，上述这些气旋现象很早就被航海家发现了。那便是北半球的热带气旋必定以逆时针的方向旋转，而南半球的热带气旋必定以顺时针的方向旋转。

至此，我们终于可以解释新加坡（以及赤道附近的其他区域）为什么从来不会遭受台风的侵袭了。

试想想，在赤道之上，稍微向北，空气感受到的地转偏向力会令它作逆时针绕转（严格来说是令任何气流的运动向右偏折）；而稍微向南，空气所感受到的地转偏向力会令它作顺时针绕转（严格来说是令任何气流的运动向左偏折）。但热带气旋系统是一种大范围的天气系统（大家可能看过卫星云图，大型的热带气旋随时可以把整个台湾岛覆盖）。也就是说，由于赤道南北的地转偏向力互相抵消，因此热带气旋无法在赤道之上发展起来。

观测得知，北半球的热带气旋一般都在北纬5度以北才会形成，而南半球的热带气旋一般都在南纬5度以南才会形成。至此我们终于可以解释，为什么处于亚热带的地区常常受到台风袭击，而处于热带的地区反而不会出现台风。

台风的威力

大家有看过《岁月神偷》这部电影吗？若是看过的话（若未看，笔者大力推荐大家找来一看），是否记得其中描述台风袭港时剧中人所经营的鞋店差点儿被彻底摧毁的一幕呢？

看过电影的人当然不会忘记这一幕。但你们是否记得，在台风未抵达之前，剧中人从收音机中听到的一则天气预报，说台风"正在以170千米的时速向香港袭来"呢？大家可能没有留意这些细节，但从事气象工作10多年的笔者，一听之下眉头立刻皱了起来。编剧显然犯了一个我们在描述台风时常犯的错误。这个错误是什么？恕我卖个关子，至本文结尾时再为大家揭晓。

要真正了解台风的威力，还是让我们从头说起吧！

台风沿自福建方言？

台风作为一个统称（或俗称），指在太平洋西部海洋和南海海上出现的热带气旋。如果气旋出现在大西洋西部，那儿的统称是"hurricane"，中文译作"飓风"。

每到夏天，我们可能在新闻中听到美国东岸受到飓风的侵袭，这些飓风与影响菲律宾、日本以及中国东南沿岸的台风，其实是同一类型的天气系统。

还有一点有趣的是，一些专家曾经进行考据，从而推断"typhoon"这个英文名称，很可能来自福建方言或客家话的"大风"这两个字！

以上的解说乃针对作为统称的"台风"。那么，作为"严格分类中的一个热带气旋级别"的"台风"又如何呢？要解释清楚的话，我们得从风力的级别说起。

蒲福风级

蒲福风级表（Beaufort scale）是根据风对炊烟、沙尘、地物、渔船、涌浪等的影响程度而定出的风力等级，也是国际通用的风力等级。

比较上述的两个分级表可知，"暴风"和"台风"的风力下限（即时速 89 千米和 118 千米），正是两个处于中间的热带气旋级别的分界线。特别要指出的是，"飓风"（即 12 级风）的出现是"台风"

风力	中（英）文名称	风速（千米／小时）
1	软风（light air）	1—5
2	轻风（light brooze）	6—11
3	微风（gentle breeze）	12—19
4	和风（moderate breeze）	20—28
5	清风（fresh breeze）	29—38
6	强风（strong breeze）	39—49
7	疾风（near gale）	50—61
8	大风（gale）	62—74
9	烈风（steong gale）	75—88
10	暴风（storm）	89—102
11	狂风（violent storm）	103—117
12	飓风（hurricane）	118—133

留意上述最高级别的"飓风"，同时也是大西洋上出现的热带气旋的统称，因此往往在大众当中引起一些混淆。

好了。有了这个认识，我们可以转过头来看看，太平洋西部上出现的热带气旋是如何分类的：

级　别	中心最高风速（千米 / 小时）
热带低气压（tropical depression）	< 62
热带风暴（tropical storm）	63—87
强烈带风暴（severe tropical storm）	88—117
台风（typhoon）	118—149
强台风（strong typhoon）	150—184
超强台风（super-strong typhoon）	> 185

形成的分界线。（在大西洋，这句话会变成："飓风的出现是飓风形成的分界线。"你说混淆不混淆？）

　　那么《岁月神偷》的天气预报错在哪里？要知道时速 170 千米是个非常大的风速，它只可能是台风中心的最高风速，而不可能是整个台风的移动速度（台风的移动速度一般由时速 5 千米至 20 千米不等），但"正在以 170 千米的时速向香港袭来"却很容易导致这样的误解。笔者在天文台工作了 10 多年，当然知道天文台是绝对不会作出这样的错误报道的。

可怕的风暴潮

谈到台风的威力，大家当然会想到其风力所带来的破坏，或是连场暴雨所带来的水灾和山体滑坡。然而，大家可能有所不知的是，历史上造成最严重伤亡的并非由台风所带来的风和雨，而是它所带来的风暴潮（storm surge）。

1970年在孟加拉湾出现的风暴潮，一下子夺去了约30万人的生命，比2004年印度洋海啸所导致的死亡人数还要多！而2005年袭击美国的飓风卡特里娜（Katrina），其风暴潮几乎把新奥尔良市（New Orleans）彻底摧毁。

香港曾发生过一场极少人知道的天灾，那就是1937年的台风袭击香港，在新界吐露港所造成的风暴潮，导致近1万人死亡！

那么，风暴潮究竟是怎么一回事呢？

风暴潮比狂风暴雨更厉害

原来它是指台风由海洋靠近陆地时，因风浪、气压、地形、降雨，再加上潮汐作用和水流等因素所造成大规模海水淹浸现象。

让我们对上述的各种因素进行逐一的解说。

风浪的作用是最易理解的。当台风靠近陆地时，强烈的风把海水推向岸边而导致巨浪滔天的景象，相信大家都曾在新闻报道中见到过。除了大风所引起的巨浪外，拍岸的惊涛其实还有另一个来源，那便是远方海中的巨浪形成后，即使再没有狂风的推送，仍会不断扩散，而当它们抵达岸边时，就会引起海平面的巨大起伏甚至拍岸惊涛。这些来自远方的浪涛我们称为涌浪（swell）。

咸、淡水夹攻，势不可挡

波浪和涌浪的驱动作用，是形成风暴潮的第一个原因。

至于第二个原因大家可能较为陌生，那便是台风中心附近的超低气压（可较标准大气压低十分之一有余），会通过类似真空吸尘器的原理把整个海平面拉高！虽然这一提升可能只有数十厘米，但已足够令沿岸的低地受到海水的淹没。这种现象科学家称为"气压效应"（pressure effect）。

至于地形的作用则比较容易理解。随着海浪从大海涌向海岸，海水的堆积自然会导致巨浪的增长。如果不幸台风靠近的是一个漏斗形的海湾，海水会从开阔的洋面被集中到一个越来越狭窄的地方，海水的堆积自然会变本加厉，从而造成巨灾。大家若是拿出地图一看，便知在文首所说的孟加拉湾夺命海啸之中，地形的因素正起了这种增强的作用。

海水的涌入和淹盖已是一大灾难，但我们不要忘记，与此同时，受影响的地方大多正下着由台风所带来的倾盆大雨，而这些暴雨很可能已经引起地面严重的积水。不难想象，在"咸、淡水夹攻"的情况下，水位会上涨得非常快，以致大部分人无法及时逃生。

记得上述的最后一个因素是潮汐吗？这其实可以被看成一个坏的因素，也可以被看成一个好的因素，这完全取决于我们的运气。显然，假如风暴潮发生在潮退期间，灾情会略为减轻。但如果不幸发生在潮涨（特别是月亮和太阳共同影响下的大潮），则灾情将会更为严重。

最后还有一个因素是不少气象学专家也会忽略的，那便是在全球变暖导致海水受热膨胀的情况下，全球的海平面已于过去 100 年升高了约 20 厘米。全球变暖增加了洋面的蒸发量，也令大气中的水汽增加，从而使台风变得更为猛烈。不幸的是，随着上述两种趋势的不断加剧，21 世纪很有可能是风暴潮有增无减的一个世纪。

还有谁打算搬进海边的豪宅呢？

赐予生命的季风

大部分人都知道，夏季出现的热带气旋有多么危险；许多人也知道，暴风雨可能会导致严重水灾和山体滑坡。不过只有很少人知道季风（monsoon）也可能致命。可惜的是，不少人因为对季风缺乏了解，最后丧失了生命。

季风到底是什么呢？就某程度上而言，季风其实是规模巨大的海风（sea breeze）和陆风（land breeze）。

海风形成的原理是这样的：当太阳的热能辐射在地球上，没有被冰雪覆盖的陆地吸收热能的速度会比海洋快得多，因此在夏季的白天里，陆地上的空气会比海面上的空气更快受热膨胀上升，一个低气压区就在陆地上形成了。气压的差异令风从海洋吹向陆地——那就是我们熟悉的海风了。

有趣的是，在夜幕降临之后，相反的情况就发生了。因为陆地散热的速度比海洋快，陆地上较凉且密度较高的空气就会移向海洋，造成陆风。这个现象不那么为人所知，因为晚上我们大部分人都在家里。

南亚西南季风关乎数十亿人命

现在把这个现象放大数千倍甚至数万倍，看看整片亚洲大陆。在夏季，由于强烈的太阳照射，令亚洲中部形成一个巨大的低气压系统，来自南面印度洋的温暖潮湿的空气便会流动至低气压区，带来对印度和邻近地区的农民来说极为重要的雨水。这就是有名的南亚西南季风，简称印度季风（Indian monsoon）。

印度季风的周年变化关乎着数十亿人的生命：季风太强就会出现水灾和山体滑坡，季风太弱就会出现旱灾和饥荒。至今仍会有人弄错，以为"西南风"是吹向西南，"东北风"是吹向东北等。这是完全错误的。西南风是"来自西南"，而东北风是"来自东北"。

同样的道理，非洲西部撒哈拉沙漠以南的广阔区域，也十分依赖每年从大西洋吹来的湿润西南季风。过去数十年来，由于全球大气环流的改变，以及人类对生态环境的破坏，这些西南季风越来越弱，所带来的雨水也越来越少。由此引起的旱灾已严重影响那里人们的生计，甚至引起大规模的饥荒。

冬季，亚洲大陆快速冷却，导致西伯利亚反气旋（Siberian anticyclone）的形成。这个气旋在天气图上会显示为高气压区域，实际是一团巨大且密度高的冷空气。由于受到高耸的青藏高原阻挡，这些冷空气会朝着东南方向移动，从而给我国带来一波波的寒潮（cold surge），我们便会感受到气温明显下降，同时体验非常猛烈的北风或东北风。这些季风有多危险，让我们在下一篇再谈。

夺命季风

季风是因为陆地和海洋之间的温度差异而产生的巨大风力系统。在我国南方沿海区域，夏季季风主要来自西南方，而冬季季风主要来自东北方。对于在香港长大的人，或者在那里居住了很长时间的人来说，这些只是很普通的本地常识。不过，不那么广为人知的是，冬季季风可能是一个杀手。

冬季季风杀伤力最大

理论上，就算是夏季季风也可能很危险，曾经有船只因为季风所产生的汹涌波涛而导致海难。不过普遍而言，还是冬季季风的杀伤力较大。当来自北方的强烈寒潮到达南方海岸时，海面风力可以达到大风级别，就是说风速等于或超过每小时 62 千米。事实上，当偏北风从陆地吹向海面时风速会加大，因为表面摩擦力突然减小了。

在冬季初期和中期，这些寒潮通常来自北方或东北方。然而在冬季后期，越来越多的寒潮会从东方而来。事实上，冷空气大多数会沿着台湾海峡从东北方吹至西南方，但是在地球自转的影响下，季风到达香港时会转向变为东风。而由于台湾海峡所带来的影响，这些东风会变得非常猛烈。

如果看看香港的等高线地图，你会发现在九龙半岛北部的群山基本上是从东向西延伸的，也就是说维多利亚港和大部分的市区都多少受到山峦的保护，能避免受到来自北方和东北方季风的正面吹袭。但是，当大风来自东边的时候，情况就很不一样了。就地形而言，香港最容易受到强烈的东风吹袭。

季风可比台风更厉害

一直以来，人们对季风都掉以轻心。多年来，在强烈东风的冲击下，不少船只翻沉，水手和渔民被抛进怒海，而在岸边岩石上垂钓的人则被巨浪卷进大海。

记得多年前的一天，笔者正在天文台值班，从新闻报道得知，一对父子在香港西贡垂钓时被东风引起的大浪卷走。身为值班人员的我，心里特别难受。

你可能会问，对于如此危险的天气情况，香港天文台为什么没有向公众预警呢？其实香港天文台是有向公众预警的，只是预警信号为"强烈季风信号"（strong monsoon signal）。

事实上，每当季风的强度超过每小时 40 千米时，香港天文台便会发出强烈季风信号。要注意的是，这样的风力如果不是由季风，而是由热带气旋所带来的，这已等于 3 号"风球"（香港热带气旋警告信号）警示的风力强度了。

当热带气旋所带来的风力达到大风级别（即每小时 62 千米及以上）时，8 号"风球"就会悬挂，这时大部分民生活动都会暂停，但强烈季风信号却是没有风速上限的！也就是说，即使季风已达到大风级别，仍只会悬挂同一种预警信号。

然而，季风的平均风速达到甚至高于大风的情况并不常见，但在高地或离岸的阵风（gust），却往往可达至大风程度。为了防止更多人员伤亡，我认为有必要加强公众教育，令民众充分认识季风的潜在危险。

但另一方面，身为公民的我们也要有所警觉，当天文台发出了强烈季风信号时，尽量远离岸边，以免发生意外。

热泡与逆温层

虽然香港满是密密麻麻的高楼大厦而常被形容为"石屎森林"，但你可能会惊讶地发现，在这个"森林"里仍然有一些野生生物经常出没，你猜到它们是谁吗？它们便是穿梭于高楼大厦之间的鹰。它们的正式学名是"黑翅鸢"，为了简单起见，我们还是继续称之为鹰吧！

你知道吗？这些鹰往往不需要拍动双翼就可以飞行，实际上它们只是在空中滑翔。但这还不算太令人费解，最令人费解的是，我们常常能看见鹰的翅膀动也不动，却仍能够在天空中越飞越高！

为什么鹰不用拍动翅膀也能往上飞升？聪明的你当然已经猜到，那是上升气流的作用。

让我们再看看背后的原理。在一个晴朗的白天，地面受太阳照射而变暖，接触到地面的空气也会因而被加热，并随之膨胀上升。这些上升的气流是形成天上云团的原因。这是因为空气中的水蒸气会被气流运送至高空，随着高空温度的下降水蒸气会凝结成无数的小水点，最终形成飘荡在天空中的朵朵白云。

利用螺旋形热泡升空

因空气受热膨胀而上升的气流又称为"热泡"（thermal）。鹰非常善于利用这些热泡辅助飞行。由于热泡通常会以螺旋形态往上流动，我们可以看见鹰沿着类似圆形的轨迹越飞越高。在某程度上，我们可以把鹰看成隐形热泡的追踪器呢！

气流上升后，最终也会因为冷却而降回地面，然后再受热再上升，从而形成一个循环。这种气流的循环（atmospheric circulation）

我们一般称为对流现象（convection）。这就和我们在烧水时，烧水壶里的水不断翻滚的情况一样。

一般来说，对流现象只会在高空温度低于地面温度的情况下才会出现。在绝大部分的情况下，大气层的温度都会随高度上升而下降，从而有利于对流。这便是我们说的"高处不胜寒"，即登上高山时，越往上越觉清凉的现象。

山顶或比海平面温暖

不过，实际的情况有时会刚好相反，例如当弱冷锋（weak cold front）掠过时，一层大概数百米厚的冷空气层会把地面和上空较温暖（当然是相对来说）的空气隔开。在这种情况下，高山的山顶可能比海平面还要温暖一点。强冷锋掠过时会带来很厚的一层冷空气，因此强冷锋来袭时就不会出现上述的情形。

在大气层中出现的倒置式垂直温度分布的现象我们称为"逆温层"（inversion layer）。逆温层对空气质量非常不利，因为它会大大遏制大气的对流运动，使接近地面的污染物无法扩散至其他地方。你可能见过，有时城市上空悬着一层非常混浊的空气，而在混浊空气的上面却是天朗气清。如今你应该知道逆温层就是罪魁祸首了。

雾：浪漫的杀手

对很多人来说，雾是浪漫的。从某程度上来说的确是这样，想象一下郊外某处薄雾舒卷，美丽的景色时隐时现，多浪漫啊！即使在浓雾之中，熟悉的世界完全消失了，取而代之的是朦胧而深不可测的虚无，魔幻和神秘的感觉油然而生……

不过，鲜为人知的是，雾其实是非常危险的天气现象。你也许会很惊讶，过去数十年里，在香港以及附近水域中，因雾失去生命的人数比台风导致的死亡人数还要多。

香港最多的是平流雾

什么是雾？它是怎样形成的？雾其实是由无数悬浮在空中的细小水滴组成的，它能够在不同的天气状况中形成，因此有不同种类的雾，如辐射雾、平流雾、混合雾、蒸发雾等。在香港，最常见的雾是平流雾，多见于三月及四月。

我们都知道在冬天，香港经常受冬季季风影响。理论上，当覆盖内陆的冷空气（在天气图上通常会显示为反气旋或高压脊）逐步从内陆移往东海时，吹往香港的风首先会由正北转向东北，然后转向东，接着变为东南风。然而在隆冬期间，不断从北方来的冷空气补充会防止这情形发生。

到了冬末春初，当季风减弱，也变得不那么频繁之时，大陆性的反气旋持续向东南偏东移动，最后会为香港带来东南风。要注意的是，这股东南气流因为经历了一段颇长的海上旅程（例如穿过了台湾和吕宋岛之间的吕宋海峡），所以温度和湿度都会偏高。相反，香港附近的华南沿岸海域仍然受到大陆性气流的影响，海面的温度仍然偏低。结果是，当温暖潮湿的东南风经过沿岸仍然寒冷的水面时，空气会迅速冷却，而空气中的水蒸气会凝结成小水滴。结果呢？当然就形成了雾！

问题在于雾是静止的，不像台风会带来大风和暴雨。静止的雾令人产生和平宁静的错觉，正是由于这种错觉令雾成为致命杀手。

如果人们掉以轻心，海面上可能发生船只相撞的严重灾难，而视野不佳会令搜索与救援出现极大的困难。因此下次听见雾笛时，你就会知道那是个危险的警告，要人提防这个"浪漫的杀手"。

调控气候的洋流

多年前我加入香港天文台的时候，第一件认识到的事情，就是香港的气候和夏威夷的很不一样。为什么要如此比较呢？因为这两个地方几乎处于同一纬度之上，换句话说，它们与赤道的距离几乎一样。不过，一个地方整年都是热带气候，另一个地方则四季分明，冬天的气温甚至可以低过 10 摄氏度！

不同地方的气候（例如热带、温带、寒带气候）不是应该跟它们和赤道的距离有关吗？香港和夏威夷的气候为什么会有这样的区别？聪明的你可能已经想到背后的原因了。没错，那是因为两地的海陆分布不一样：夏威夷完全被海洋包围；而香港则位于巨大的亚洲大陆的东南边缘，这里每年入冬后聚积在西伯利亚的冷空气能够越过蒙古国和我国内陆直抵华南沿岸，从而为香港带来寒冷的冬天。

暖流左右伦敦气候

除了海陆分布外，可以对某地气候起着重要影响的要数洋流（ocean current）了。洋流可以分为暖流和寒流。我们暂时先来谈谈暖流。在我们的印象中，我国的东北和日本的北海道都是天气十分寒冷的地方，因此你可能会惊讶地发现，伦敦的纬度其实比整个北海道和我国大部分的东北地区要高得多，举例来说，以冰雕知名的哈尔滨纬度为北纬 45 度，而伦敦的纬度则是北纬 51.5 度！

如果你看看世界地图（如果能看地球仪则更佳），你便会知道北纬 51.5 度的地方其实距离赤道十分远。为何伦敦在这样的纬度仍能享受较为宜人的气候？秘密就在于世界上强大、影响最深远的暖流墨西哥湾流（gulf stream）。

墨西哥湾流在大西洋的赤道区域形成，一路北上，流经美国东部的海岸，在北纬45度附近，受盛行西风的影响，转向东北方，改称北大西洋暖流，朝向冰岛、英伦三岛等地。要不是有这道暖流的影响，伦敦的气候会比现在冷很多很多。

大家有看过《后天》（*The Day After Tomorrow*）这部电影吗？电影中假设了全球变暖导致格陵兰岛（Greenland）冰盖大幅融化，大量的淡水因而涌进了北大西洋，令海水密度改变，从而扰乱了洋流的流动，最后令墨西哥湾流停止流动。结果大家也许还记得，电影中美国东岸和欧洲的西部变成了冰天雪地的世界。

最可怕的地方在于，上述这些情节并不是编剧凭空想象出来的，而是科学家经过认真研究后推测的可能出现的情况。虽然为了加强戏剧性，电影加快了变化的过程，但这个可能性仍然令人担忧，因为一旦灾难出现，一切将无法逆转……

揭开时间的面纱

　　屈原在他的作品《天问》中问道："遂古之初，谁传道之？上下未形，何由考之？"的确，在人类仍未出现，或即使出现却没有历史记载的远古时代，我们怎么知道那时发生了什么事情？

　　为了揭开时间的神秘面纱，地质学家、古生物学家和考古学家都做出了不懈的努力，逐步揭示地球、生物界，以及人类史前文明所发生的事情。但问题是，即使我们知道了事情的经过，也不知事情发生了多久。

鉴年法推算地球年龄

　　要进一步拨开时间的迷雾，科学家发展出一系列的鉴年法（dating methods）。其中最突出的是，放射性鉴年法（radiometric dating）。

　　大家也许知道，铀是一种重要的核燃料。但在科学家眼中，它的另一种重要价值，在于它能够帮助我们推算出地球的年龄。

　　作为一种放射性元素，铀会不断衰变成一些像钍、铅等较稳定的元素。这种衰变完全不受外在因素如温度、压力、化学环境等影响，并且会在某一特定时间内减半，这一时间我们称为半衰期（half-life）。

　　例如铀的一种同位素（称为铀－238）衰变为铅的半衰期为45亿年。也就是说，假如我们有1千克的铀－238，45亿年后便会有一半衰变为铅；再过45亿年后，剩余的部分会再有一半衰变为铅，依此类推。

　　地球形成前，铀和它的衰变物大多会各散东西。但地球形成后，岩层中的铀被迫跟它的衰变物靠在一起。也就是说，只要我们测量某一岩层中铀、铅的含量比例，便可推算出岩层形成至今的时间。

　　在考古学中，年龄推断的突破则来自碳–14鉴年法（carbon–14 dating）。原来地球上的碳元素主要是稳定的碳–12，即碳原子核中有6个质子和6个中子。但来自太空的高能宇宙线（cosmic rays）不断撞击高层大气中的氮气时，会形成带有放射性的碳–14（原子核中多了两个中子）。活体生物体内的碳–14与碳–12会保持稳定的比例，但生物一旦死亡，由于新陈代谢消失而不会吸入新的碳–14，体内原有的碳–14便会因放射性衰变而不断减少。

　　聪明的你已经猜到，只要测量远古文物（例如食物、衣料、木制品）的碳–14和碳–12比例，我们便可推算它们距今的时间。由于碳–14的半衰期约为5700年，这个方法可推算出数千至数万年前的时间。

　　以上是两个较极端的例子（一个的半衰期为45亿年，一个则为5700年），但在两者之间，科学家还找到不少放射性元素，它们的半衰期由数万、数十万、数百万、数千万至数亿年不等。通过对这些物质的"母核素 – 子核素"的含量比例分析（parent–daughter nuclide ratio analysis），科学家已能为文首由屈原提出的问题提供很好的答案。

古气候温度计

　　大家可能听过，地球在远古时代曾经历多次冰期（ice age）。而正是在最后一次冰期退却之后，人类才通过农业革命逐步踏上文明之路。

　　也就是说，地球的气候并非一直都像今天这样，它曾经比现在寒冷和干燥得多，以致大部分地区都变成冰天雪地；它也曾经比今天炎热和潮湿得多，以致广阔的大地都被茂密的热带雨林所覆盖。恐龙称霸的侏罗纪是后者的一个最佳例子。

　　但你可能会问，上述发生了数十万年，甚至数千万年的事情，我们今天从何得知呢？

　　要回答这个问题，古气候学家（paleoclimatolgist）采取了各种各样的方法。例如树木的年轮可以告诉我们每年雨水多少的变化；地层里的花粉化石使我们知道当时什么品种的花最为茂盛，从而反映当时的气候状况；冰川侵蚀所导致的湖底沉积，则可揭示冰雪扩张和退却的历程等。

　　随着原子物理学的兴起，科学家更发展出一种方法。它不但告诉我们某个时期是偏暖还是偏冷，甚至可准确地告诉我们，当时的温度和今天相差多少。这一方法的幕后功臣，正是我们赖以维生的大气成分——氧气。

南北极钻探冰芯

　　原来在大气和海洋中的氧元素，虽然绝大部分都是原子核拥有 8 个质子和 8 个中子的氧 –16，但也有小部分是原子核拥有 8 个质子和 10 个中子的氧 –18。海洋中由氧 –18 组成的水分子较重，因此较难蒸发成水蒸气。而即使变成水蒸气，也会较早凝结并降回地面（或海洋）。

上述的结果是，南、北两极冰川中所蕴含的冰（固态水）、氧 –18 的比例皆比海洋中的水低。进一步的研究显示，这个比例会随着地球整体温度的变化而改变，因此可以成为地球古气候的一支"温度计"。具体而言，地球温度越高时，冰里的氧 –18 比例会越高；温度越低时则比例会越低。

过去数十年来，科学家先后在格陵兰岛和南极进行钻探。一支支数十米甚至数百米长的冰芯，大大加深了我们对地球气候变化的了解。

深海钻探沉积物

另一支"刻度"相反的"温度计"，是对深海沉积物（oceanic sediment）的钻探。原来海洋生物甲壳中的碳酸钙（calcium carbonate）包含着当时存在于海洋中的氧。生物死后，尸体便会降至海床变为沉积物。分析这些沉积物中的氧 –18 比例，可以使我们得悉这些生物生存时期的海洋温度。具体而言，地球温度越高时，氧 –18 的比例会越低；相反，温度越低时，比例则会越高。（背后的原理不用我再说了吧！）

令人兴奋的是，这两支"温度计"得出的结果，往往十分吻合，从而大大加强了我们对古气候认识的信心。

地球最后一秒钟

第三章
环境保护篇

世界末日钟

虽然世界上有无数的时钟，但有一个是与众不同、至高无上的，因为它是其他所有时钟赖以校正的标准。如果我告诉你，世上有一个时钟比这个"标准时钟"还重要得多，因为它关乎人类的生死存亡，你能猜到这是怎么一回事吗？

事实上，这不是一个真实存在的时钟，而是科学家用以反映人类有多接近末日的一个设计。这项设计被称为"世界末日钟"（doomsday clock）。

1945年8月，美国先后向日本的广岛和长崎投掷了两颗原子弹，加速了第二次世界大战的结束。大战结束当然是好事，但很多人也看出，随着人类懂得如何释放原子内部的巨大能量，我们首次掌握了足

以令人类自我毁灭的可怕力量。爱因斯坦曾经说过："我无法肯定第三次世界大战会用上什么武器，我能肯定的是，第四次世界大战所用的，将会是棍棒和石头。"

战后，众多研制原子弹的物理学家出版了一份名叫《原子能科学家公告》（*Bulletin of Atomic Scientists*）的刊物，以此作为大家继续沟通和发表意见的渠道。1947 年，为了提醒世人核武器的危险性，他们提出了"世界末日钟"的设计，就是以一个时钟的指针有多接近零点，以反映人类接近自我毁灭的危险有多大。

"世界末日钟"建立时，科学家先把指针调至离零点只有 7 分钟的位置。过去大半个世纪，它的指针曾多次被调校。其间最接近零点的一次（只有 2 分钟便到零点），是美国和苏联先后试爆氢弹（威力比原子弹大 1000 倍以上）的 1953 年。而离零点最远的一次，是苏联解体的 1991 年。由于冷战结束，核战爆发的风险大大减小，当时指针被拨至离零点 17 分钟的位置。

但好景不长。科学家旋即看出，除了核战的威胁外，资本主义工业文明所导致的全球环境破坏，已经足以威胁到人类的存亡。而除了空气污染、海洋污染、食物污染、水土流失、沙漠化等危机外，最令人担忧的是，人类大量燃烧化石燃料（煤、石油、天然气）而排放出的二氧化碳，通过"温室效应"导致全球变暖和各种气候灾变。研究显示，世界末日不一定来自第三次世界大战，也可能来自日益失控的环境崩坏。

结果是，指针的位置自 1991 年即拾级而下。2007 年年初，联合国的"政府间气候变化专门委员会"（intergovernmental panel on climate change，IPCC）发表了《第 4 号评估报告书》（*Assessment Report No. 4*），指出全球变暖危机已经到了非常严峻的地步。为了唤起世人对此的关注，著名物理学家霍金（Stephen Hawking）和《原子能科学家公告》的编辑遂高调地将"世界末日钟"调至只有 5 分钟便到零点的位置。

这个象征性的举动在媒体和大众当中曾经引起一定的反响。可惜，由于 2008 年"金融海啸"的冲击，各国忙于挽救经济，2009 年底在哥本哈根召开的国际气候大会无法达成任何关于"减排"的协议。

2015 年底在巴黎召开的气候大会虽然号称成功，但有识之士看出，在没有约束性的减排指标的情况下，形势其实一点也不乐观。约 1 年后，否定气候变化的特朗普（Donald Trump）当选为美国总统，更令人觉得全球团结一致大幅减排的机会微乎其微。结果，"世界末日钟"于 2017 年 1 月被进一步调至离零点只有两分半钟的位置，即和最低的 1953 年只差 30 秒……

至此大家应该明白，"世界末日钟"虽然不是一个真实的时钟，但它对人类前途的意义比任何一个时钟都要大。我们在 21 世纪的最大任务就是如何力挽狂澜，将这个时钟的指针拉回到安全的位置。

石油耗尽怎么办

"能源危机"这个名词，始于 20 世纪 70 年代初。当时位于中东地区的产油国联合起来，对西方国家实行石油禁运政策，引发世界能源危机。这虽然是一次政治事件，却引起了不少有识之士的深刻思考：我们这个基于石油建立的现代工业文明，究竟可以维持多久？

能源是文明的命脉。远古时，唯一的能源是人的体力，后来加上了牲畜的力量，再往后又加入了火力、水力和风力的辅助。真正的转折点是，蒸汽机的发明和电气化的发展。一下子，煤、石油等化石燃料成为了现代社会不可或缺的能源。

百年消耗亿万年蕴藏

人类大规模使用石油，其实只有短短 100 年的历史。但在此期间，人类开采石油和消耗石油的速度是惊人的。经过亿万年才积累的石油，不到 100 年便被消耗了过半，这种情况犹如一个挥霍无度的"败家子"，在几年间便把祖宗三代的家产花掉了一大半一样。

按照专家推断，以现今的消耗速度，数十年后人类将无石油可用，虽然我们可以继续采用地层中含量较为丰富，同时也更难开采和更污染环境的煤，但全世界的燃油汽车和飞机将无汽油可烧而要停用。此外，无论是石油还是煤，燃烧时释放的二氧化碳都将大大加剧地球大气层的温室效应，而由此引发的环境大灾难，近年已引起人们极大的忧虑。

开源与节流

曾经有一段时间，人们以为核能可以一举把能源问题解决。但1979年的美国三里岛事故和1986年的苏联切尔诺贝利核电厂灾难，以及2011年的日本福岛核灾难，都使核电的发展大为受阻，而未能成为现代文明的主要能源。

理论上，基于核聚变（太阳的能量来源）而非核裂变的核反应（即现时核发电的原理），能为人类带来更为持久和清洁的能源。可惜的是，经历了大半个世纪的研究并花费了巨额的投资，受控核聚变（controlled nuclear fusion）仍然无法进入应用的阶段。

环保人士很早便鼓励应用"可再生能源"（renewable energy），包括水能、风能、太阳能、地热能，甚至潮汐能等。但分析显示，即使将几种能源全部加起来，它们也无法于短期内满足现代工业文明的庞大能源需求。

那怎么办呢？其实只有两个办法：一个是"节流"，也就是节约能源；另一个则是"开源"，也就是继续大力开拓上述没有二氧化碳排放的能源，其中既包括核能，也包括各种可再生能源。因此，任务是极其艰巨的，但在别无他法的情况下，任务再艰巨我们也只能迎难而上，否则后果将不堪设想。

21 世纪大灾难

还记得前面提到过的《后天》（*The Day After Tomorrow*）这部电影吗？你对电影中描述的全球气候大灾难了解多少呢？

《后天》讲述的是，人为加剧的温室效应所导致的大灾难。不少人都知道，温室效应的结果是全球变暖。然而，电影却描述温室效应带来一个提早来临的冰期！对于大部分观众来说，电影的推论实在令人不解！

让我们暂且放下电影的推论，先看看温室效应的威胁究竟是怎么一回事。

天然温室效应保宜人气候

所谓温室效应，是指这样的一种情况：太阳的辐射从太空抵达地球时，绝大部分能量都没有被大气层吸收而直达地面。地球表面因为吸收了这些能量温度上升，最后以热辐射（即红外线）的形式把部分能量归还太空。但问题是，这些热辐射因为波长较长，因此容易被大气层中的一些气体，例如二氧化碳所吸收。由于辐射平衡受到了影响，地球的表面温度因而升高。

科学家曾经计算过，如果金星、地球和火星皆没有大气层，三者的表面温度都会比我们今天观测到的低得多。就地球而言，全球平均温度会低至零下 18 摄氏度，即全球将会是一个被冰封的世界。由此看来，今天地球上有着宜人的气候，其实是温室效应的保温作用所赐。

不可挽回的境地？

令人忧虑的当然不是天然的温室效应，而是过去一两百年来，随着工业的迅速发展，人类不断燃烧煤、石油等化石燃料，从而将大量的二氧化碳排放到大气层中。众多科学研究显示，这将大大加强地球的温室效应，以致全球变暖，最后导致南北两极冰川融化和海平面上升的全球性大灾难！

2007 年 2 月，联合国政府间气候变化专门委员会（IPCC）发表了一份关于全球变暖最新（就当时而言）的简要报告（*Summary for Policymakers*）。电视中的新闻报道指出，全球变暖这个人为气候灾难也许已到达"不可挽回的境地"。

报告用上如此骇人的字眼，正在收看电视的我相当震惊。这是否代表人类在劫难逃？更重要的是，这是否表示我们已经束手无策，应该什么都不做，继续如常地"马照跑，舞照跳"，干脆等待末日来临？

不过在 IPCC 网页看完整份报告后，我发现那不是 IPCC 的专家们想表达的意思。虽然报告的结论还是非常令人担忧，但它并不是让我们消极地接受命运的安排。相反，它是在呼吁我们必须采取坚决和果断的行动以力挽狂澜。

具体而言，IPCC 的报告所表达的是：即使人类立刻停止排放二氧化碳，大气中迄今已经增加的那 40% 二氧化碳，仍然会导致未来长期的气候变化。

当然，在现实中，我们不可能立刻停止一切二氧化碳的排放。

也就是说，必将来临的气候变化究竟会有多严重，将取决于我们减少二氧化碳排放量的速度有多快。结论是，除非我们马上采取果断的行动，否则人类文明也许在不久的将来会真的到达"不可挽回的境地"……

全球变暖会导致雪灾吗？

让我们回到电影《后天》的情节中。原来电影的大前提是，全球变暖导致格陵兰岛（Greenland）的冰盖大规模融化，而融化后的淡水倾注入北大西洋并改变了洋流的运动，最后令著名的墨西哥湾流（gulf stream）停止流动。由于这一巨大的暖流对美国东岸起着重要的气候调节作用，它的停止将使这些地区陷入冰天雪地之中。

上述的情况真的有可能出现吗？科学家的确做出了这样的推测。但必须注意的是，即使推测完全正确，事态的发展也不可能像电影中这般迅速。电影中大大加速的节奏当然是为了加强戏剧性的效果。

温水煮蛙你我他

你应该听说过"温水煮青蛙"这个寓言：假如你把一只青蛙丢进一大锅热水中，它会马上烫得直跳出来；如果你把青蛙放进一大锅冷水中，然后把水慢慢加热，青蛙会留在水里，觉得十分舒服惬意，慢慢便丧失了危险的警觉和逃生的意志，直至它完全被煮熟……

坦白说，我并不完全相信上述的事情真的会发生。不过，我绝对不建议你在现实生活中尝试。就像其他寓言一样，最重要的其实是故事背后的教训。而对于身处 21 世纪初的人类来说，这个寓言的教训可是生死攸关的。

危机比地震海啸更甚

现在人类就像 75 亿只青蛙：每当出现了紧迫而明显的危机，例如台风、地震、火山爆发和海啸，我们就像被丢进一锅滚烫热水的青蛙那样马上做出反应，能跑多远就跑多远。要是我们足够幸运成功逃掉，我们甚至可能得到教训，制订一些措施来减少类似的灾难可能造成的破坏。问题是，我们现在面对的最大危机并不像上述的灾难那样明显。然而，它的后果可能更为严重。我所说的危机大家也许已经猜到了，那就是越来越严重的全球变暖危机。

当科学家警告全球平均气温可能会在未来 100 年内增加 2—6 摄氏度时，有些人会说："这有什么大不了的？一方面预测可能会出错，另一方面即使预测结果是正确的，随着科技的进步，我们肯定能在情况失控前找到解决问题的方法。"他们以这种心态，相信这个世界的运作可以"一切如常"，甚至指责那些发出警告的人"危言耸听"。

油价与暖化矛盾

听来很耳熟吧？没错！地球就像那锅已经微微升温的水，那些持有上述态度的人就像温水里的青蛙，想着："嗯，虽然这里好像变得越来越温暖，但是不要紧的，我可以随时跳出这个锅……"

除了愚昧，藏在这种心态背后的还有巨大的既得利益。煤炭生产商、石油生产商、汽车制造商和他们暗地里资助的"御用学者"不停地指出，任何减少二氧化碳排放的措施都会损害经济增长，而那是没有人希望付出的代价。以这种思路，油价飙升对世界的威胁更大，因为会妨碍经济增长；油价下跌是最好不过的，但没有人会提及的是：油价下跌会鼓励燃油消耗，继而增加二氧化碳排放量，加速全球变暖。

某种意义上，我们肯定活在最为荒谬的时代，很多人担心油价上涨，同时也担心全球变暖，但这两种忧虑是自相矛盾的。这个星球上75亿个"蛙民"的未来如何，就看我们如何解决这个两难的局面。

牛油的启示

让我们做一个小小的实验。

在一个寒冷的冬日，让我们从冰箱里拿出一块结冻的牛油，并把它放到一个平底的铁锅之中。接着，我们把铁锅放在一个电热炉灶之上，并把炉灶开启。

我要问的是：牛油是否会立即因为受热而熔化呢？

牛油表面看似没有变化

聪明的你当然会答：不会！原因是电热炉灶的表面首先要增温，然后才把热能传递至平底铁锅，使它的温度上升。加热后的铁锅再把热能传递给牛油，最后令牛油升温，那时牛油才会开始熔化。

也就是说，我们开启电热炉灶后的一段时间里，牛油好像什么变化也没有发生！我说"好像"，是因为变化（热的传递）其实一直都在发生，只是我们没有察觉到罢了！

好了！现在假设牛油正在不断熔化，这时我们把电热炉灶关掉。接着的问题：牛油的熔化是否会立即停止呢？

这次，不用细想的你也会回答：不会！理由十分简单，因为电热炉灶即使被关掉了，它的高温也需要一段颇长的时间才会完全回落。同理，铁锅和牛油的温度也只会逐步下降。而牛油的熔化，只会在牛油的温度下降至足够低时才会停止。

气候变化效应仍未充分显现

就是一个这般简单的实验，已包含着两个十分重大的科学原理。

第一，事物受外部因素的影响而发生变化时，起初的变化是循序渐进的，并不表示它往后也会继续如此。相反，当变化的幅度达到某一个临界值之时，事物可能会出现急速的剧变。这种"量变引起质变"的一个典型例子是，地壳断层中的"应力"（stress）达到某一界限时，断层会出现急速的错动而产生毁灭性的大地震。而在我们的例子中，临界点就是温度上升到可以让牛油熔化的程度。

第二，事物受到外部干扰时，有关的影响不一定会即时浮现出来。这种因与果之间的时间差异，我们称之为事物变化的"时滞效应"（time-lag effect）。"时滞"的原因可以是多种多样的。就以刚才的牛油实验为例，时滞的主要原因是物质的"热容量"（heat capacity）所起的作用。

人类现在面对的最大挑战是全球变暖。在研究这个课题时，科学家必须充分考虑上述的两大原理。关于第一个原理，存在一个颇具争议的问题：格陵兰岛冰盖急速融化的"临界温度"，是否较我们之前设想的低得多？

至于第二个原理，基本上已经无需争议。地球大气层中增加了的二氧化碳，其改变气候的效应仍未充分显现。也就是说，即使我们从今天开始立刻停止一切化石燃料的使用，这些效应仍会逐步出现，直至下一个世纪，甚至再下一个世纪……

结论是，我们在全力对抗全球变暖的同时，还必须充分考虑这些必将出现的变化，并采取适当的措施，以求降低这些变化所带来的灾难性影响。

碳世界

相信大家都知道，我们这个物质世界的基本组成单元称为"原子"（atom），而具有相同的核电荷数（核内质子数）的一类原子则总称为"元素"（element），有时又称为"化学元素"（chemical element）。

世界上有多少种元素呢？科学家发现，世界上的物质形态虽然千差万别、复杂纷纭，但是都只由90多种元素组成。这便犹如英文字母，虽然只有26个，却可以用它们写出无数不同的文章一样。

若问这90多种元素当中，哪一种对生命最为重要，答案毫无疑问是碳（carbon）。为什么这样说呢？原来组成生命体的物质（如细胞里的各种物质），一般都较组成非生命体的物质（如岩石）复杂很多。科学家把这些物质称为"有机物质"（organic matter），而组成"有机物质"的骨干元素正是碳。

那么碳这种元素究竟有什么特别之处，使它能成为组成有机物质（更进一步来说是"生物大分子"）的骨干元素呢？

碳最具有"社交"能力

碳在元素周期表中排行第6，这是因为碳原子的原子核由6个质子（proton）以及6个中子（neutron）组成，而环绕着原子核运动的则是6个电子（electron）。正是这6个电子的排列状态（特别是处于外围的4个电子），令碳这种元素比其他元素拥有更千变万化、丰富多彩的"社交"能力。

这里所谓的"社交"能力，是指碳可以跟众多不同的元素结合，从而衍生出各种不同的物质。例如只要跟氢和氧这两种元素结合，便可衍生出各种不同的糖、酸、醇等，其中的乙醇便是我们熟悉的酒精。再加上氮这种元素，则可以变成各种氨基酸。氨基酸是什么？它是所有蛋白质的组成单元。不用说大家也应该知道，蛋白质是一切生命最基本的构成物质。

为了研究以碳为骨干的成千上万的化合物，以及它们之间的相互作用，科学家成立了一门名叫"有机化学"（organic chemistry）的学科。这门学科的博大精深，即使在大学里念上三四年，也只能算是粗略了解。

碳对我们来说实在太重要了！但这种重要性也得一分为二。以上所说的属于"好"的一面，现在让我们看看"不好"的一面。

碳也有不好的一面？没错！一般燃料（包括木、煤、石油等）燃烧时会释放出二氧化碳，但如果燃烧时氧气不足，释放出的便会是少了一个氧原子的一氧化碳，而一氧化碳对人体是有害的。烧炭中毒是因为吸入了一氧化碳，而煤气中毒也是吸入一氧化碳所致的。

讽刺的是，二氧化碳对人体虽然无害，却正给人类带来一个非常大的威胁。这当然便是大家都知道的全球变暖问题。为了解决这个问题，全世界都在鼓励"低碳生活"以及"低碳经济"。其实除了二氧化碳外，令科学家最为担忧的另一种温室气体是甲烷（methane，俗称"沼气"）。甲烷是什么？它只不过是 1 个碳原子与 4 个氢原子结合而成的一种物质罢了。

所谓"水能载舟，亦能覆舟"，想不到这种情况在"碳世界"也同样会出现呢！

生死存亡 450

　　动物呼吸时吸收氧气释放二氧化碳，植物进行光合作用时则吸收二氧化碳释放氧气。二氧化碳在地球大气层中的含量，正因为这两种作用而达到一个动态的平衡。上述这种情况，是小学生都很清楚的一个常识。

　　不仅小学生，就连大部分成年人也不大清楚的是，二氧化碳其实只是大气中一种十分微量的成分。直到 20 世纪中叶，科学家才首次精确地测得大气中二氧化碳的含量。他们发现，若以容积来计算，每 100 万份的大气中，只有 300 多份是二氧化碳。在国外通常用以表示这一气体在大气中含量的单位是 "parts per million by volume"，简写是 "ppmv"，往往又被简写为 "ppm"（百万分比浓度，1ppm=0.001‰，在国内已不使用 "ppm"）。

碳多少控制人类存亡

不要小看这区区数百的"百万分比浓度",因为人类文明是兴盛还是衰亡,就要看我们能否在未来二三十年内,把大气中二氧化碳的百万分比浓度控制在 450(最好是 400)之内!

大家当然知道我讲的是人类经济活动所大量排放的二氧化碳,已通过温室效应令全球不断升温,对环境造成巨大威胁。然而,450 这个水平,是绝大部分科学家都认为我们绝对不可以超越的浓度水平(concentration level)。

在解释为什么二氧化碳的百万分比浓度是 450 之前,让我们先看看历史上各时期的二氧化碳浓度水平。正如前面所述,人类自 20 世纪中叶才开始直接测得二氧化碳的百万分比浓度,而最初测得的数值是 315。自此之后,这个数值不断上升,到了今天,已经超越 400,即短短数十年内增加了接近 27% 之多。此外,科学家又用种种方法推断 1958 年以前二氧化碳的百万分比浓度,发现在工业革命早期的 1850 年前后,二氧化碳的百万分比浓度只在 280 左右。也就是说,过去约 170 年的时间里,大气层内的二氧化碳浓度已增加了 43%。

科学家发现,在格陵兰岛和南极所钻取的冰芯之中,包含着千百万年前的微小气泡。通过对这些远古大气的化学分析,科学家得出了惊人的结论:如今大气中的二氧化碳含量极速增高的现象至少在过去 100 万年也未出现过!

至世纪末或破千关

问题是,如果每年二氧化碳含量还以之前的增长速率不断增加,到了本世纪末,大气中二氧化碳的百万分比浓度可能会突破 1000 大关。

众多科学家郑重地指出，不要说 1000 百万分比浓度，就是 500 百万分比浓度，也是绝不能超越的界限。按照推算，如果二氧化碳的百万分比浓度升至 450 的话，地球的平均温度将比工业革命前期升高 2 摄氏度。要知道过去 100 年来，这个温度已经升高了 1 摄氏度左右。如果总体升温达到 2 摄氏度，后果实在不堪设想。

在 2015 年召开的巴黎气候会议中，世界各国的领袖都认同 2 摄氏度是一个绝对不能超越的危险水平。一些科学家更指出，450 百万分比浓度已是一个太过危险的水平。较安全的水平应是 350 或以下，即我们不但要尽快停止排放任何二氧化碳，而且要把大量的二氧化碳从大气中移除。人类自称"万物之灵"，我们能做到吗？

可怕的恶性循环

大家都知道，过去一两百年来，因人类大量燃烧煤、石油等化石燃料而释放出来的二氧化碳，通过温室效应正令全球的气温不断上升。如果我们不大力阻止这一趋势，地球将会变得越来越热，从而影响到人类的生存。

这一威胁虽然已为大部分人所熟知，但他们大多以为，危机的展现将会是逐步且缓慢的，因此我们有足够的时间来谋求对策，一些环保人士的大声呼吁，实有危言耸听之嫌。

事实上，最先提出温室效应威胁的不是环保人士而是科学家，而近10年来提出最紧急呼吁的也是科学家而非环保人士。

科学家的紧急呼吁，主要来自他们对气候变化中各种"正反馈机制"（positive feedback mechanism）的更深入了解，其中的例子包括如下几方面。

（一）海冰融化的正反馈

由于海水和空气的温度上升，北冰洋的海冰正大幅融化。要知道冰的反照率（albedo）较海水高很多，它会把大部分阳光的能量反射而非吸收。一旦海冰融化变为海水，反照率的大幅下降意味着大量的阳光能量将被吸收到海水之中，从而使海水快速升温，再使周围的海冰加速融化……大家可能已从新闻中得知，越来越多的北极熊因冰块融化而失去家园，一些北极熊甚至因无法觅食而把幼熊吃掉……大家至此应该看出，这类"正反馈回路"（positive feedback loop），正是我们日常所说的"恶性循环"（vicious cycle）。

（二）高山冰雪融化的正反馈

上述的情况也正在世界各地的高山上出现。冰雪的大量融化使下面的地表暴露出来。由于这些地表上的泥土和石块都具有较低的反照率，之前被冰雪反射的太阳能量如今都被大量吸收，结果高山上的温度越来越高，于是冰雪融化变得越来越厉害，导致更多的地表被暴露了出来……

（三）冻土融化的正反馈

加拿大北部、阿拉斯加和西伯利亚的大片土地，都被终年冰封的冻土所覆盖。但随着气候变暖，一部分冻土在盛夏时已开始融化。科学家对此极其担忧，因为这些冻土中含有大量千百万年来植物腐烂后释放出的甲烷。而甲烷又是一种吸热能力比二氧化碳还要厉害得多的温室气体。一旦这些甲烷因冻土融化而被大量释放出来，全球变暖将会大幅加剧，让更多的冻土融化……

上述 3 种情况其实已正在发生。但还有一个令科学家寝食难安的噩梦，那便是埋藏在深海海床里的一种叫"笼形包合物"（clathrate）的物质。这种物质的另一个名称是甲烷水合物，顾名思义就是一种包含着大量甲烷气体的含水晶体（hydrate）。这些埋在海床里的晶体暂时是稳定的，但如果地球的温度继续上升，难保有一天这些晶体会解体而释放出里面的甲烷。由于这些甲烷的总量非常大，一旦它们升出水面与大气混合，地球的温度将会大幅上升。届时，不单人类会灭绝，大批的生物也会成为我们的"陪葬品"……

在上文《生死存亡 450》之中，笔者指出 450 的二氧化碳百万分比浓度是众多科学家（以及世界各国的领导人）都认为不能超越的界限。究其原因是，一旦超越了，全球温度的上升便很可能会触发上述的冻土融化的恶性循环，届时不论人类如何努力也可能是回天乏术。

注：可燃冰其实就是上述的甲烷水合物。有人指出这是一种具有巨大潜质的新能源，应该大力开采，这其实是一种具有潜在危险的建议。一来甲烷燃烧时会释放二氧化碳，二来开采时很可能会令大量甲烷直接泄漏到大气之中。要开发新能源，太阳能、潮汐能和风能应该才是康庄大道。

第六次大灭绝

　　科学家研究推断，地球形成至今至少有 46 亿年。而生命最初在地球上出现，至今也至少有 38 亿年之久。相比起来，人类在这个星球上的历史只有短短的 500 万年。也就是说，人类的历史大约只有地球历史的千分之一！

　　然而，人类这批最新的"住客"，已让这个星球发生了巨大的变化：大气层的透明度下降、两极和高山的冰雪急速融化、海洋变酸、海平面不断上升……

灭绝过程已开始

　　我们提到上述的这些变化，所关心的往往都只是这些变化会给人类带来什么影响。我们很少会想到，大量地球生物已经因为我们对地球的破坏而遭殃。过去一二十年来，在了解到这种影响的严重性之后，不少科学家已明确指出，今天地球上正在出现"第六次大灭绝"。

　　为什么称为第六次呢？原来古生物学家的研究显示，在多细胞生物真正蓬勃发展起来的 6 亿年里，地球上曾经出现过 5 次重大的生物灭绝事件。它们分别是：

- 约 4 亿 5000 万年前的"奥陶纪 — 志留纪灭绝事件"（ordovician–silurian extinction event）；

- 约 3 亿 6000 万年前的"泥盆纪晚期灭绝事件"（late devonian extinction event）；

- 约 2 亿 5000 万年前的"二叠纪 — 三叠纪灭绝事件"（permian–triassic extinction event）；

- 约 2 亿年前的"三叠纪 — 侏罗纪灭绝事件"（triassic-jurassic extinction event）；

- 约 6500 万年前的"白垩纪 — 第三纪灭绝事件"（cretaceous-tertiary extinction event）。

当然上述五大灭绝事件发生之时，人类还未出现。科学家研究推断，它们的成因都和环境的巨大变迁有关，其中包括了火山活动、气候大幅波动、地球磁场变动、地壳板块碰撞，甚至太空陨石的撞击等。

最严重的一次灭绝，首推发生在 2 亿 5000 万年前的"二叠纪 — 三叠纪灭绝事件"。地层里的证据显示，当时陆上遭到灭绝厄运的脊椎动物达到 70%，遭到灭绝厄运的海洋生物更达 96%。可以这么说，经此一劫，地球上的生物界差不多焕然一新。

灭绝属人为因素

然而，对人类来说，意义最大的一次灭绝，无疑是 6500 万年前的白垩纪大灾难（cretaceous catastrophe）。这是因为统治地球长达 1 亿 5000 万年的恐龙，在这次事件中灭绝了。今天的科学家已经掌握了充分的证据，认为这次灭绝是一颗小行星猛烈撞击地球所致的。

在茫茫的太空之中，上述的小行星撞击事件显然属于十分罕见的事件。我们完全可以想象，如果那次撞击没有发生，今天的地球将仍然是恐龙的世界，而人类将没有崛起的机会……

在现实里，恐龙已经灭绝了，而人类也崛起了。但最为讽刺的是，地球今天面对的"第六次大灭绝"，罪魁祸首不是什么海陆迁移或陨石撞击，而是人类这个新兴的物种。

研究显示，自 1 万多年前的农业革命以来，大量的生物物种已

被人类的活动赶尽杀绝。而自工业革命以来，物种灭绝的速率有增无减，已直追生物史上的五大灭绝事件。甚至今天，科学家估计每年大约有 14 万种生物遭到灭绝而一去不返。计算下来，平均每小时就有 16 种生物消失。

人类号称"万物之灵"，人类的崛起必须以牺牲其他生物作为代价吗？而以大肆破坏大自然为代价的经济发展，最后是否会断送我们基本的生存条件，使我们步上其他已灭绝物种的后尘？"第六次大灭绝"的最终结局会如何，21 世纪将是最为关键的"决战时刻"。各位朋友，你们都做好了战斗的准备吗？

自私的代价

大家有听过这样的一个笑话吗？一帮好友十分喜爱"杯中物"，并常常约在一起把酒言欢。有一次，其中一人提出了一个新奇的主意，就是下次大家聚会时，每人带一壶酒，接着把酒倒进一个大酒缸之中，然后每个人从缸中取酒畅饮，那不是更加热闹开怀吗？

众人听罢都认为这是个好主意。时间过得很快，下一次聚会的日子就要到了。其中一个人起了歪念："嘿！这么多人都把酒倒进缸里，即使我倒的是一壶水，也不会有人察觉吧！"

到了聚会当日，这个人果真带了一壶清水，并把它倒进缸里。接着，他与友人一起从缸中取酒畅饮。然而，本以为可以免费饮酒的他却发现，喝进肚里的哪里是什么酒，根本就是清水！但他为了掩饰自己的欺骗行为，他便装作若无其事，并不断高呼："好酒！好酒！"而奇怪的是，其他人竟也与他一样，不断高呼："好酒！好酒！"

聪明的你当然已经猜到，出现了这种荒诞滑稽的情况，是因为每一个人都做出了这种自私的行为，所有人带去的都是清水！

自私连累自己

这虽然只是一个笑话，背后却蕴含着十分深刻的道理：如果每个人都只顾自己的利益而置别人的利益于不顾，到头来不但损害了别人，而且连自己的利益也会受到损害。

有一个著名的来自英国农民的历史案例。在英国还未高度工业化的年代，不少人以牧牛和牧羊维生。放牧需要大片的草地，很多草地并非属于某一个农庄，而是大家共同使用的。农村里的这些地被称为"公地"（commons）。既然是公用的，有些人便想到，如果我多养一些牛和羊并把它们带到公地放牧，这样不是可以不购买饲料就可以增加收入吗？

问题是，每一个人都会产生同样的想法，结果公地上的牲口数量不断上升。最后，草地上的草因过度放牧而枯萎，接着牛、羊大批死亡，农民的生计受到严重打击。

西方的一名学者哈丁（Garrett Hardin）把上述这种情况称为"公地悲剧"（tragedy of the commons）。

公地悲剧不单出现在放牧上，也出现在大量侵害社会公有财产的行为上。例如清洁的河流是珍贵的公有财产，如果为了贪图便利或节省成本，个人和工厂都把污水随意排入河里，最后便会严重污染河流，最终受害的是每一个人。

公地悲剧＝人类悲剧

难以想象的是，整个地球的大气和海洋虽然是如此地辽阔浩瀚，却已因为现代工业文明的急速发展，而出现了同样的悲剧。

就海洋而言，过去数十年的极度滥捕，已经十分接近"杀鸡取卵"的情况：世界的总渔获多年来已经停滞不前甚至下降，而且不少鱼类已濒临灭绝。这正是南海"休渔期"被延长的原因之一。

你可能会问：人类为什么会这么愚蠢呢？问题的关键在于，如果只有我做出节制行为而其他人都继续滥捕，那我不是处于很不利的位置吗？正是由于人人都这么想，大家唯有"同归于尽"！

同样的分析也适用于二氧化碳的排放上。到了今天，大家都知道大量排放二氧化碳将会导致巨大的气候灾难。但"公地悲剧"的逻辑再次发挥着它的作用，让这个问题至今未能得到有效的解决。

金星的警告

　　前面我们已看到过许多平衡状态的例子，有自然界的，也有人类社会的。由此我们会很容易得到一个印象，觉得平衡状态是世上各种活动的正常状态。一些人更指出，大自然即使受到人类活动的干扰，也一定会恢复至其平衡状态，而那些关于全球环境灾难的言论，只是杞人忧天，危言耸听罢了。

　　这绝不是毫无根据的猜测，我真的遇到过强烈表达这种看法的一些人。

　　数年前，我受邀出席一个电台节目，讲解台湾大地震以及地震对互联网的影响。我和主持人的讨论延伸到各种全球性灾难——包括自然灾难和人为灾难，并谈及它们对现代文明的冲击，当然也不免谈到全球变暖的问题。在节目的第二部分，我们让听众也参与讨论，其中一位听众对我们就全球变暖的评估提出强烈质疑，认为纵使人类过去以无数的方法干扰自然运作，但大自然总有法子恢复至平衡状态。一言蔽之，我们没有什么好担心的！

　　由于我没有足够的时间在节目中详细阐释我的看法，我想趁机在这里进一步说清问题所在。简单来说，那位听众的想法是错的，但我相信很多人都会同意他的意见，这种情况非常危险。让我们来看看为什么吧！

　　我们可以用水缸来做实验，水由水龙头流进水缸，同时由水缸底部的小孔流出。如果我们增加水的流入速度，起初水位会上升，然而由于水缸底部的水压会因此加大，水缸底部的水流出的速度也会加快，最终水缸中的水位便会稳定下来，恢复到平衡状态，对吧？不过，你要注意这个平衡水位和之前的已经不同了！平衡状态已从原本的位置转移到一个全新的位置。戏剧化一点说，如果我们被绑匪捆绑并置于一个放了水的浴缸中，假设之前的水位让我们刚刚可以呼吸，之后的水位则可能令我们溺毙……

至于大气中的二氧化碳含量的增加情况也是一样的。即使我们把现有含量水平十倍的二氧化碳排放至大气中，只要有足够的时间，整个地球的气候仍会趋于某个平衡状态，但是这个新状态必定不会是我们正在感受到的这样，而且很有可能会要了我们的命。这个出人意料的教训是 20 世纪 60 年代的天文学家带来的。他们发现，虽然金星的大气层处于平衡状态，然而大气层中浓度极高的二氧化碳导致了严重的温室效应，令金星的表面温度超过 500 摄氏度。

教训是：大自然的平衡状态并不能保证我们的安全。

地球最后一秒钟

第四章
天文宇宙篇

等离子宇宙

按照物理学的观点，等离子状态是物质的第四种状态。随着薄屏电视的兴起，"等离子"一词开始为大众所认识（随着液晶电视的兴起，较年轻的一辈对等离子电视这个名词可能已经淡忘）。但大家有所不知的是，其实我们正活在一个等离子宇宙之中。

就以我们的太阳系来说吧！在太阳系中，太阳所占的质量超过99%，其余所有的巨行星、矮行星（地球应该是前两者之间）、卫星、小行星、彗星等的质量不到太阳系总质量的1%。那么太阳是由什么组成的呢？你可能已经知道，太阳其实是一团巨大的气体，但严格来说，这并不是我们一般认识的气体。组成太阳的物质其实是离子化的气体，换言之，就是等离子体（plasma）。

太阳的表面温度超过6000摄氏度，中心温度更高达1500万摄氏度，普通的气体不可能在太阳上存在。在这样的温度下，任何原子外围的电子都会被频繁的猛烈碰撞扯走，原子于是变成了离子。这些离子和自由的电子组成了一团巨大的等离子体，结构非常复杂。这些结构的不断变化，产生了太阳的磁场、太阳黑子（sunspot）、耀斑（flane）、日珥（solar prominence）、日冕（solar corona）等现象。深入了解这些现象的变化，对于我们认识太阳如何影响地球上的所有生命而言极为重要。

固体、液体、气体只是宇宙杂质

稍有天文常识的读者都会知道，除了金星、木星、水星、火星、土星以外，我们在夜空中所见的星星其实都是别的"太阳"。也就是

说，它们全都是温度极高的等离子球。在这些球体内发生的热核反应就像在太阳内部的反应一样，会产生大量光和热，照亮宇宙。即使这些星体像我们的太阳一样有行星环绕，这些行星加起来的总质量对于其母星而言将微不足道。结论只有一个：繁星若尘的浩瀚宇宙由等离子体所组成，而我们非常熟悉的固体、液体和气体只是宇宙中的一些"杂质"，更具体地说，是恒星内部的核子洪炉燃烧后的"余烬"。

你可能会说，宇宙并不只是由恒星组成的啊！在恒星之间的广袤空间里，不是有大量由气体和尘埃形成的庞大星云吗？例如，著名的猎户座大星云、三叶星云和礁湖星云等。不错，星云在宇宙中占有相当重要的位置，然而组成这些星云的物质，其实大多也是离子化的气体，即处于等离子状态。因此星云的存在，并不影响等离子态是宇宙中最主要的物质形态这一事实。

告诉大家一个小小的秘密，我家现在使用的电视仍然是一台 50 英寸（1 英寸 =2.54 厘米）的等离子电视。虽然我买这台电视时，大部分人都已转投液晶（LCD）电视的怀抱，但作为一个"电影发烧友"，我更偏爱前者更有深度感和颜色更饱满的画质。时至今日，LCD 也已落伍了，我的更换目标是更先进的有机发光二极管（OLED）电视。科技进步的速度，实在令人惊叹不已。

宇宙微波炉

微波既可用于无线通信（包括手机网络）和雷达科技，也可用于加热食物。事实上，后者可被视作人类自50万年前学会用火加热食物以来，在食品烹调上的一次重大革命。

或许几乎每天都在使用微波炉的人却不知道，在人类探究宇宙起源的奥秘时，微波还扮演着十分重要的角色。

辐射干扰无线电

首先，在20世纪50年代，科学家发现弥漫于星际空间的氢原子会放射出一些波长为21厘米，属于微波波段的无线电波。由于这种辐射能够穿透星际间的气体和尘埃，科学家便利用这种辐射来勘察银河系的结构，并发现银河系是螺旋形的。

在20世纪60年代，科学界有了更令人振奋的发现。来自美国贝尔实验室（Bell Laboratories）的科学家阿尔诺·彭齐亚斯（Arno Penzias）和罗伯特·威尔逊（Robert Wilson）在利用一个巨大的号角形天线研究长距离无线电通信时，发现有一些背景无线电干扰无法消除。起初他们都很懊恼，但后来经过仔细研究，他们惊讶地发现，那些干扰原来是来自整个宇宙的一种背景辐射！宇宙学家得知此事就更兴奋了，因为在关于宇宙起源的"大爆炸理论"中，他们曾经就预测过会有这种背景辐射的存在。

时至今日，对这种宇宙微波背景辐射（cosmic microwave background radiation，简称CMBR）的详细研究已经成为我们了解早期宇宙演化的关键。这种辐射的波长是1.9毫米，而对应的背景温

度是绝对温度 2.7 度，大约等于零下 270 摄氏度。在某程度上，这种
辐射可以被视为在 138 亿年前宇宙诞生时大爆炸的余温。

　　有趣的结论是，整个宇宙原来是一个巨大的微波炉！

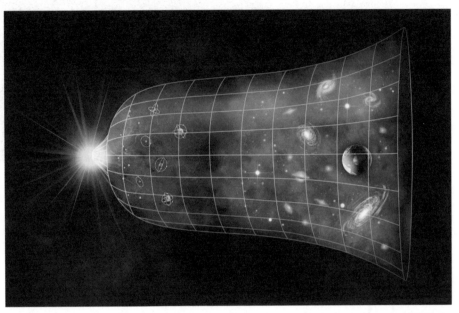

▲　宇宙大爆炸

地球只是碎片

踏进 21 世纪不久，于 1930 年才被人类发现的冥王星（pluto）被科学家降格为矮行星（dwarf planet），相信为数不少的人，特别是年纪较长的一群天文爱好者，都会感到有点怅然若失。从某种意义上来说，毕竟冥王星是陪伴着他们成长的啊！对一些人而言，他们倒不是因为冥王星被降格而哀伤，而是因为我们太阳系的主要家族成员突然减少：从我们小时候学过的九大行星，到如今只剩下八大行星。天文学的每一次进步都把人类的视野扩宽，唯独这一次似乎是个例外。

谷神星被升格

真的是这样吗？要回答这个问题，我们先要弄明白，"矮行星"究竟是怎么一回事？

关注天文消息的读者也许已知道，在冥王星被降格的同时，位于

火星和木星之间围绕太阳运行的一颗小行星（planetoid）——谷神星（ceres）——则被升格为矮行星，两者同是太阳系内的成员，为什么会有如此不同的命运呢？

这便关系到矮行星的定义问题。简要地说，矮行星就是一颗拥有足够大的引力让自己维持球形，却不足以清除其轨道附近的太空碎片（其他天体）的星体。谷神星正是矮行星的一个好例子，它和大量体积较小、形状不规则的小行星一起围绕太阳运行，这些小行星在火星和木星的轨道之间组成小行星带（planetoid belt）。小行星带在过往的英文名称是"asteroid belt"，因为人们最初在发现小行星的时候得知，虽然它们也和各大行星一样环绕太阳运行，但是用很大放大倍数的天文望远镜加以观察，却无法观测到任何行星盘（disc）的影像。"asteroid"的词首"aster"在拉丁文中是"星状"的意思，例如键盘上的"*"符号，英文叫"asterisk"。

地球或只是"碎片行星"

宇宙中有矮行星,那么有没有巨行星(giant planet)呢?

你可能会很惊讶:我们其实一直在巨行星的阴影之下生活!这些巨行星便是处于太阳系较外围的外行星(outer planet)——木星、土星、天王星和海王星。它们也被称为气态巨行星(gas giant)或者类木行星(jovian planet)。至于内行星(inner planet)——水星、金星、地球和火星都是石质行星,又被称类地行星(terrestrial planet)。而它们之间的分界线正是我们上面介绍的小行星带。

地球的直径超过 12000 千米,它是最大的石质行星,但木星的直径是地球直径的 11 倍!考考你,假设木星和地球都是完美球体,你能计算出木星的体积比地球大多少吗?

一位天文学家曾经说过,除了太阳外,太阳系不过是"木星加上一些天体碎片罢了。(The solar system is just jupiter plus debris...)"这听起来似乎太夸张了,但事实上木星的质量大概等于太阳系其他行星质量的总和。天文学家会不会在某天宣布,我们其实活在一个"碎片行星"之上?

注:(1)一些"冥王星粉丝"曾发动了一场为冥王星"平反"的运动,但至执笔为止,该运动仍未成功。关键在于国际天文学联合会(International Astronomical Union)的裁决。

(2)对于小行星的称谓,天文学界近年又开始流行用"asteroid"这个英文名称。

星星的生老病死

随便打开一本介绍天文学的书，我们都可能读到：太阳形成至今已有 46 亿年，寿命还有 50 亿—60 亿年。太阳到了晚年，会急速地膨胀而成为一颗红巨星，届时地球上一切生命都会被毁灭。

富有怀疑精神的你可能会立即反问：现代天文学兴起才数百年，即使是人类的文明，也只有数千年历史，我们凭什么知道数十亿年前的宇宙是怎么一回事？数十亿年后的宇宙又是怎么一回事？天文学家侃侃而谈以亿万年为单位的恒星演化历程，不是一种大话西游吗？

观测不同阶段的恒星

问得好！如果我们要观察一颗类似太阳一样的恒星如何诞生，如何步入青春期、成熟期及至壮年，然后如何因燃料耗尽而逐渐步入晚年甚至死亡。不要说数百年，就算给我们数千年，我们对恒星演化的了解也只是凤毛麟角。幸好，我们现在不用作出亿万年的等候，即可全面和深入地了解恒星的演化历程。

秘密在哪儿呢？其实十分简单，那就是我们能够观测到大量处于不同演化阶段的恒星。

举例说，假设一族外星人乘坐飞碟抵达地球，但因有要事只能停留一天的时间。他们很想了解地球人生、老、病、死的过程。你猜他们能有什么办法呢？当然是利用那一天的时间，同时研究处于出生、婴儿、孩童、少年、成人、中年、老年等阶段的人类个体。把这些研究整合起来，他们便可得出人类生命周期的一个概况。

方程组建构演化历史

　　要研究恒星的生命周期，天文学家较上述的外星人研究人类可要简单得多，因为比起一个人，恒星算是简单得多的事物。天文学家可以建立一系列物理数学方程——统称"恒星方程组"（the stellar equations），从而描述及演算出恒星演变的过程。

　　过去大半个世纪以来，通过大量的计算机模拟运算，天文学家建构了不同类型恒星的演化历程。令人兴奋的是，这些理论上的推算和观测结果极为吻合。人类的智慧使我们可以跨越时空，窥探宇宙的过去和未来的奥秘。

开发月球

　　1969 年人类登陆月球，是人类首次踏足地球以外的另一个天体。不用说，这是人类历史上一个划时代的创举。

　　登月后不久，人们都预测我们很快将在月球上建立永久性的基地甚至殖民地，从而把月球当作一个向太空进军的跳板，把人类的活动领域扩展到浩瀚的宇宙中去。

　　可惜的是，登月至今已过去 50 多年，由于种种的原因，上述的想法并没有实现。人类最近登陆月球（阿波罗 17 号的登月），也已是 1972 年的事了。

本世纪中叶重返月球

令人兴奋的是，虽然迟了半个世纪，我国的探月工程不断取得新进展，并先后遣派多艘"嫦娥号"无人驾驶探测器前赴月球，其最终的目的是为我国派人登陆月球做准备。

另一方面，美国也宣布会在不久的将来再次派人登月。也就是说，在本世纪中叶或之前，人类极有可能重返月球。而这次的任务，应该不仅限于科学的考察，而会考虑如何开发月球这个崭新的边疆。

开发月球？稍微有一点天文常识的读者，都会知道月球上既无大气层也没有海洋，是一个了无生机的死寂世界。既然如此，又有什么值得开发的呢？

没错！人类必须有空气和水分才能生存。假如我们在月球上生活所需的空气和水分全都要从地球运送过去，所谓"开发月球"便无从说起。为了克服这个困难，科学家在过去数十年来反复钻研，就是为了找出在月球上制造出空气和水分的办法。

让我们先看看空气。由于我们赖以生存的气体主要是氧气，让我们先把注意力集中在氧气上。没错，月球上没有大气层也没有游离的氧气。但科学家发现，月球岩石之中有不少属于氧化物的矿物质，其中含有丰富的氧。问题是要把这些氧释放出来，我们必须花费巨大的能量把矿物质分解。

太阳能更胜地球

月球上最丰富的资源是能源。它的来源不是煤或石油，而是无处不在的太阳能。不要忘记，正因没有大气层的阻挡，月球表面的阳光较撒哈拉沙漠中的还要猛烈得多。因为没有云层的遮挡，太阳能收集器可以从日出到日落毫无间断地工作。

　　由于月球自转一周需时近 28 天，因此上述的"从日出到日落"便足有 14 天之久。当然，凡事有利也有弊。在为期 14 天的"漫漫长夜"，我们必须依赖之前储存的能量，或是由一个小型核反应堆提供能量。

　　有了氧气还必须有水分。坏消息是，在月球上生产水的技术难度较生产氧气的还要大得多。原因是水是由氢和氧这两种元素结合而成的，而月球上根本找不到可利用的氢气。

　　这正是为何数十年来，科学家都寄望能在月球南北两极，一些阳光从来照射不到的深谷底部，找到一些月球形成初期残留至今的冰层。尽管这些冰层在地质角度来看极其稀薄，但它对人类建立永久性基地将是一个极大的帮助。

　　2009 年，这个愿望终于成真了。功劳来自由印度于 2008 年年底发射的绕月无人探测器"月船 1 号"（*Chandrayaan-1*）。这个发现也得到了之后的太空探测器的证实。有了水和空气，我们便可以在月球上耕作，制造食物。月球基地的建立，相信只是一个时间的问题。

　　各位，特别是还在求学阶段的你，是否有兴趣成为新一代的月球拓荒者呢？

探星的轨迹

20 世纪，人类首次踏足了地球以外的另一个天体——月球。这项壮举被称为人类历史上一项重大的里程碑。

到了 21 世纪，人类正尝试远征火星，从而为人类历史再谱写激动人心的一页。可是大家是否想过，这些"探星之旅"所采取的飞行路线是怎样的呢？

你可能会立即回答：太空中既然毫无障碍，飞行路线当然采取最短的直线，这有什么可迟疑的呢？

直线航程极不划算

你这么想便大错特错了！从理论上说，我们的确可以采取直线飞行，但在太阳引力的影响下，我们不得不在航程中不断修正方向，从而耗费极其巨大的能量，因此是极不划算的做法。

科学家很早便测算出，有一种航线只需在起始阶段作出推动，之后便可以不再耗费任何燃料就能抵达目的地。由于最先详细研究这种飞行轨道的科学家名为霍曼（Walter Hohmann），所以这种轨道一般被称为"霍曼转移轨道"（Hohmann transfer orbit），或简称"霍曼轨道"。

要了解霍曼轨道是怎么一回事，我们首先要了解，一个物体在万有引力的作用下，一般会有沿着三种不同锥形曲线的运动轨迹：椭圆形的（elliptical）、抛物线形的（parabolic），或是双曲线形的（hyperbolic）。太阳系内的八大行星都以椭圆形的轨道环绕着太阳运行。而霍曼的发现是，跨越轨道之间最省燃料的路线，应是另一条环绕着太阳的椭圆形轨道，而且这条轨道的两端会把我们想跨越的轨道连接起来。

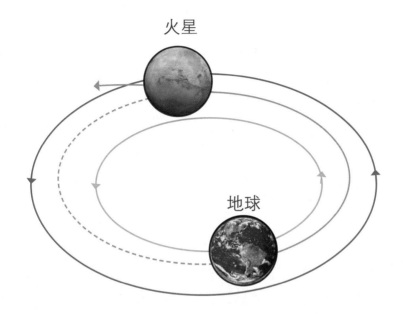

就以地球和火星之间的轨道为例，从附图可以看出，相关的霍曼轨道是个一头连着地球轨道，而另一头则连着火星轨道的绕日轨道。太空飞船借助推进器进入这个轨道后，便会在太阳的引力作用下直趋火星，其间不再需要任何推进的动力。

要注意的是，采取这种路线前赴火星的话，太空飞船发射的时间必须计算得十分准确，以致太空飞船抵达火星轨道之时，火星也刚好到那个位置。地球和火星在各自绕日运行期间，能够符合这个要求的相对位置只会每 26 个月出现一次。以太空航行的术语来说，每次这种情况的出现即构成了远征火星的一个"发射窗口"（launch window）。

来回火星需时近三年

接着下来的问题是，沿着这样的轨迹飞行，要花上多少时间才能抵达火星呢？

要回答这个问题，我们必须要知道霍曼轨道的周期。要知道任何环绕太阳的轨道都有它特定的周期，例如地球轨道的周期大概是 12 个月，而火星的周期则近乎地球的两倍而达到 23 个月。科学家的计算显示，有关的霍曼轨道的周期应是 18 个月左右。由于太空飞船前赴火星只是沿轨道行了一半，因此飞行的时间是 9 个月左右。不用说，太空飞船回程时的路线将是霍曼轨道的另一半，因此也同样要花上 9 个月的时间。

人类来回月球不用 10 天，来回火星的旅程却要花上整整一年半的时间，两者的难度实在不可同日而语。

事实是，情况比上述的还要糟糕。这是因为在回程时，太空飞船也要等待一个类似出发时的"发射窗口"。计算下来，整个旅程至少要用上近三年的光景。由于要携带足够的空气、食物和水，太空飞船的重量必然十分大。以人类现时的火箭运载能力来说，这的确是一项难度极高的挑战。

最后要补充的一点是，前文说出发后的太空飞船不再需要动力推进并不完全正确。这是因为太空飞船在抵达火星时，它的绕日速度与火星的并不相同。要在火星表面降落，太空飞船必须启动推进器进行加速，以令它能与火星同步飞行。同样的，在回程抵达地球时，太空飞船也要发动引擎令自己减速，才能安全地在地球表面降落。也就是说，全程要携带的燃料也是不少的呢！

科幻世界中的天文学

相信大家都有看过《阿凡达》（Avatar）这部超级科幻片吧！但在欣赏这部电影的时候，你有没有注意到故事中的天文背景呢？

电影发生在一个名叫潘多拉（Pandora）的星球上，这完全是一个虚构的地方。但按照电影所述，潘多拉环绕的是一颗名叫"alpha centauri"的恒星，这是一颗真实存在的天体。

在天文学中，"alpha centauri"是半人马座（centaurus）中最亮的"主星"，中文名是"南门二"。这颗星是距离我们太阳系最近的恒星，因此也是天文学家研究得最多的恒星之一。

那么，我们对南门二知道多少呢？

南门二属三星系统

原来南门二是全天空中第三亮的恒星，视星等（apparent magnitude）为 –0.27 等，第四亮的是牧夫座（bootes）中的大角星（arcturus）。在南半球的夜空中，南门二更是极为触目的亮星。相传郑和下西洋期间，就经常以此星指引方向。

天文学家很早便发现，南门二其实是颗双星（double star），只是两颗星的位置过近，肉眼无法识别。之后，天文学家进一步发现，环绕着这颗双星运行的，原来还有一颗黯淡的红矮星（red dwarf）。也就是说，这其实是一个"三星系统"（triple star system）。

最初，天文学家把双星的成员称为"半人马 α 星"（alpha centauri α）及"半人马 β 星"（alpha centauri β）。但随着第三颗恒星的发现，天文学家便把它们称为"半人马 α 星 C"（alpha centauri α C），而把之前的"α"及"β"两颗恒星称为"alpha centauri A"及"alpha centauri B"。而《阿凡达》中虚构的潘多拉星球，正是环绕着"alpha centauri A"，即"半人马 α 星 A"运行的一个天体。

那么这个三星系统离我们有多远呢？以往的天文书籍一般都称"南门二离我们约4.3光年"。但随着测量技术的进步，这个距离已被下调。最新的资料是：半人马 α 星 A 和半人马 α 星 B 离我们4.24光年，而半人马 α 星 C 则离我们4.22光年。由于半人马 α 星 C 是离我们最近的恒星，所以它又有另一个名称——毗邻星（proxima centauri）。

寻找可居住行星

就光谱分类（spectral classification）而言，半人马 α 星 A 和半人马 α 星 B 都属宇宙中最常见的主序星（main sequence star，即在它们演化的最稳定阶段）。半人马 α 星 A 是颗黄白色的 G2V 型恒星，体积和光度都稍比我们的太阳大；半人马 α 星 B 是颗橙黄色的 K1V 型恒星，体积和光度都稍比太阳小。两者相互绕转的周期为80年，彼此最为靠近时的距离为11.2个天文单位（astronomical unit，简写是 AU，即地球跟太阳的平均距离），约等于太阳与土星的距离；而相距最远时则为35.6AU，约等于太阳与冥王星之间的距离。

至于半人马 α 星 C 这颗红矮星，距离双星系统13000AU，即比太阳系直径的150倍还远！环绕其一周的时间则要80万年之久。

上述的资料十分重要，因为它们可以让我们推断，这个系统中是否有适合生命居住的行星（habitable planet）。

科学家曾经认为，可居住行星所环绕的母星（parent star），都必然像我们太阳一样的是单独恒星。这是因为在双星或更多成员的恒星系统里，引力的干扰不会容许稳定行星轨道的存在。但后来他们发现，只要双星之间的距离足够远，每一成员都可拥有各自的行星系统（planetary system）。离我们最近的南门二正是一个很好的例子。

潘多拉是颗卫星

当然，上述的行星系统在大小上会受到一定的限制。以半人马 α 星 A 和半人马 α 星 B 为例，由于它们最接近时的距离大约只有太阳和土星之间的距离，因此它们各自拥有的行星系统，最多只能像"内太阳系"（the inner solar system）般，即只包括水星、金星、地球和火星的部分。好消息是，就以我们的太阳系为例，在这个区域之内便已经有一颗适合生命滋长的行星。

且慢！我刚才习惯性地假设，适合生命居住的必定是行星（planet）。但看过《阿凡达》这部电影的人必然会记得，占据着潘多拉天空的是一个硕大无比的天体。略有天文常识的人应该认得，这个天体活像一个木星般的巨型气态行星（gas giant）：其上不但有类似木星上"大红斑"（great red spot）的超级大气风暴，附近还有类似木星四大卫星般的天体。这些天体的黑影，还时不时投射到气态行星的表面之上。

简单的推论是，潘多拉并非一颗行星，而是环绕着上述那颗巨型气态行星运行的一颗卫星（satellite）。由于科学家把环绕着其他恒星运行的行星称为"系外行星"（exoplanet），因此潘多拉便是一颗"系外卫星"（exosatellite）或"系外月亮"（exomoon）。

潘多拉天空不会出现

一颗如地球般大的卫星？这真的有可能存在吗？

从天文学的角度，这没有什么不可能。就以我们的太阳系为例，木星的卫星木卫三（ganymede）便较水星还要大，而土星的卫星土卫六（titan）更拥有大气层。当然，木卫三和土卫六都较地球小得多。但如果环绕着其他恒星的一些巨型气态行星较木星和土星大得多，那么它们的卫星犹如地球般大便没有什么稀奇。

而事实上，过去数十年来，在天文学家所发现的系外行星之中，有不少正是质量较木星大上数倍甚至数十倍的"超巨行星"。

但问题是，天文学家在南门二找到这类行星了吗？对不起！答案是：没有！南门二离我们这么近，天文学家"看漏眼"的概率可说是微乎其微。也就是说，电影中的背景完全是一种凭空的想象。

当然，我们不能排除南门二拥有体积小得多的，暂时仍未被我们发现的石质行星。无论如何，潘多拉天空中的壮观景象，在现实世界的南门二系统里是不会出现的。

寻找外星人

　　不知道你是否记得两部关于外星人的电影：《世界之战》及《银河漫游指南》！

　　《世界之战》改编自著名科幻大师威尔斯（H.G.Wells）于1898年发表的小说 "The War of the Worlds"，讲述火星人侵略地球的经过。

　　另外一部《银河漫游指南》则改编自亚当斯（Douglas Adams）于1978年写的荒诞爆笑科幻广播剧 "The Hitch-Hiker's Guide to the Galaxy"［在BBC（英国广播公司）播出］，讲的是银河发展局为了兴建超太空通道而把地球拆毁，一名地球人自此流浪太空，并经历了一趟比一趟古怪离奇的经历。

追寻"地外"信号

　　地球以外有没有别的高等智慧生物存在？人类问了这问题至少数百年，以外星人为小说题材也有超过100年的历史。但科学家尝试以射电望远镜接收外星文明的信号，则只是从20世纪60年代才开始。过去60年来，虽然信号的侦察和分析技术不断进步，但始终未能截获任何来自地外智慧生物的信息。

▲ 射电望远镜

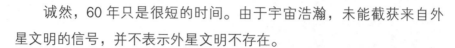

诚然，60 年只是很短的时间。由于宇宙浩瀚，未能截获来自外星文明的信号，并不表示外星文明不存在。

可是另一方面，一些科学家则指出，若外星文明在宇宙中十分普遍，那么我们即使未能截获他们刻意发出的信号，也应从大量的天文观测中，察觉到这些文明存在的踪迹。

难解的"费米悖论"

由于最先提出这个疑问的是，著名的物理学家费米（Enrico Fermi）（于 20 世纪 50 年代），所以后来的人将这个令人困惑的问题称为"费米悖论"。

你可能会说，数百光年外若有外星人以强力的望远镜观测我们的太阳，也不一定能够得悉地球上有高等智慧存在啊！但费米的推论是：外星文明的科技水平固然可能跟我们相当或较我们的低，但也可能有一部分远远超越我们。以至他们可以进行"物换星移"的天文改造工程。如此一来，我们应该可以观测到他们存在的间接证据才是！

多年来，科学家对"费米悖论"作出了不少讨论甚至争论。聪明的你对此又有什么高见呢？

地球最后一秒钟

足不出户找 ET

大家如果看过由大导演史蒂文·斯皮尔伯格执导的经典科幻电影《ET 外星人》。你应该知道"ET"这两个字母是英文中"外星人"的简写，它的全写是"extra-terrestrial"。"extra"这个词（严格来说是"词头"）的意思是"之外"；而"terrestrial"这个形容词则来自希腊文的"Terra"一词，意思是"大地"或"地球"。因此两个词合起来便是"地球以外"的意思，简称"地外"。严格来说，在这形容词之后还应该有"生命"、"智慧"或"文明"等字眼。但人们为了方便，"ET"这个简称便成为了"外星人"的代名词。

历史性的"奥兹玛计划"

与宇宙的浩瀚相比较，地球简直比"沧海一粟"还要渺小得多。居住在地球上的人类，是我们现时唯一所知的高等智慧生物。但在浩瀚无垠的宇宙之中，是否也会有其他的高等智慧生物？如果有的话，他们的形态与我们会有什么不同？而他们的思想与感情是否会跟我们的截然不同？

直至 20 世纪中叶，人们都只能通过臆想来"回答"上述的问题。一个历史性的时刻是 1960 年。因为那年，美国一名年轻的天文学家德雷克（Frank Drake）通过一个直径达约 26 米的射电天文望远镜，首次尝试接收来自外星文明的无线电信号。接收的对象是鲸鱼座的天仓五（Tau Ceti）和波江座的天苑四（Epsilon Eridani），原因是这两颗恒星与我们的太阳在形态上十分接近。德雷克把这个监听计划称为"奥兹玛计划"（Project Ozma），其中的"Ozma"一词，是借用了童话《绿野仙踪》（*The Wizard of Oz*）里面巫师的名字。人类对外星文明的科学探索正式开始了。

5万年后才收到信息

"奥兹玛计划"为期十分之短，因为望远镜很快便要转用于其他更重要的天文观测上。当然，德雷克在计划期间没有收到任何可与外星人扯上关系的信号，否则过去数十年的科学史，甚至人类史将会改写！

过去数十年来，世界各国的科学家都曾做出类似的尝试。1974年，我们不单尝试接收地外信号，更把一个载有关于人类资料的无线电信号，通过当时最大的射电望远镜——位于中美洲波多黎各（Puerto Rico）的阿雷西博望远镜（Arecibo telescope），向位于武仙座（Hercules）的 M13 球状星团发射。当然，这只是一个象征性的尝试。由于 M13 球状星团距离我们 2 万 5000 光年，即使那儿真有高度发展的外星文明，并在收到信号之后立刻回应，我们也要等上 5 万年才能收到这个回复呢！值得一提的是，目前世界上最大的射电望远镜是位于我国贵州的 500 米口径球面射电望远镜（FAST），俗称"中国天眼"。

▲ M13 球状大星团

你也可以参与外星文明探索

在科学界中，对外太空智慧生命的探索简称为"SETI"，全名是"search for extra-terrestrial intelligence"。"SETI"计划遇到的最大困难固然是经费不足，谁会愿意花大量金钱来进行这种成功机会渺茫的探索呢？在技术方面，即使可以利用望远镜进行"游击式"的观测，但要从大量观测数据中找到有可能是外星人所发出的信号，也简直犹如"大海捞针"，需要巨大的人力、物力。

有见及此，一群科学家自1999年开始就发起了一个名叫"SETI@home"的计划。这个计划的精彩之处在于把所有观测数据及分析这些数据所需的计算机程序都放到互联网上，从而使所有感兴趣的人，都可以利用自己的计算机，进行夜以继日的分析和搜索。也就是说，你可以足不出户就参与这项可能改变人类历史的伟大科学探索！

如果你想了解更多背景资料，可上网看看有关"SETI@home"的资料。当然，真的想参与这项探索的话，你的英语能力和计算机技术也要达到一定的水平！

寻找别的家乡

地球是人类唯一的家乡。但宇宙之大，我们有可能在太空深处找到别的家乡吗？

天文学家的研究告诉我们，地球是太阳系的一名成员，像地球般环绕着太阳运行的，还有水星、金星和火星这三颗石质行星（又称"类地行星"）；木星、土星、天王星和海王星等气态行星（又称"类木行星"）；冥王星、谷神星等矮行星；以及无数的彗星和大小不一的小行星及太空碎片。

在上述这些天体中，只有火星较为适合人类居住。其余的不是太热、太冷、表面引力太大、大气压过大，就是大气有毒或是缺乏大气层的保护。要注意的是，即使在火星，人类也必须有太空服的保护才可以在上面自由活动。

寻找系外行星

但我们的太阳只是一颗很平凡的恒星。在银河系之中，恒星的数目至少在千亿以上。最引人入胜的一个问题是：既然有这么多的恒星，是否也有一些像我们的太阳一样拥有行星系统，且其中的一些行星适合人类居住，可以成为我们的另一个家乡呢？

大半个世纪以来，一些天文学家做出了不少努力，尝试为上述这个问题寻找答案。过去这20多年来，他们的努力终于得到回报。随着探测技术的不断进步，天文学家成功找到数千颗拥有行星系统的恒星！

也就是说，在太空之中，我们已经找到数千颗有行星环绕的恒星。科学家把这些行星称为"系外行星"。

但我们不要过早开心，因为天文学家所找到的这些行星，它们的体型和质量都远远超过地球，甚至超越太阳系内最巨大的行星——木星。

但我们也不用过早灰心。上述这种结果可说是完全在意料之中。要探知类似地球这般小的行星，技术上自然要比探测类似木星这样的巨无霸（直径是地球的 11 倍）困难得多。但正如太阳系中既有木星、土星等巨大行星，也有像地球、金星等较小的行星，我们有理由相信，环绕着上述数千颗恒星的，很可能有体积小得多，近似地球的行星。

"翻版地球" 不易求

我们说"近似地球"，但究竟一颗行星要多近似地球，才算适合人类居住呢？好，就让我们运用一点科学常识，分析一下这样的行星必须具备的条件。

先说温度。地球表面的平均温度是 15 摄氏度左右，但不同地方不同季节带来的温差巨大，可由零下 50 摄氏度至 50 摄氏度。一颗平均温度为零下 50 摄氏度的行星自然是一个十分严寒的星球；而一颗平均温度为 50 摄氏度的则是一个极其酷热的星球。让我们大胆一点，就把这两个温度（作为平均温度来看）作为"可居住"的极限。

接着是行星拥有的大气层。这个大气层的厚薄和成分其实跟行星表面的温度息息相关。但我们暂时不考虑这一点，只考虑行星表面的大气压。

人类潜水或乘坐热气球飞上高空，只要有氧气面罩的帮助，所能承受的压强可由"标准大气压"的数倍到数分之一。让我们再大胆一点，把这个压强范围（例如地球大气压的3倍到三分之一）定作"可居住行星"的一个条件。

同样与大气层关系密切的，当然是大气中的成分。首先是不能具有对人体有害的成分，继而

▲ 地球被大气层包围着

是要有我们呼吸所需的氧气。有趣的一点是，氧气成分偏低我们还可以适应（如住在西藏的居民），但氧气成分过高则会有损身体功能。

假如上述3个条件都符合，但还有一点我们是最易忽略的，那便是行星的表面引力。除非我们终日依靠机器衣甲的辅助，否则比地球表面引力大上一倍的表面引力应该是我们能够承受的极限。小引力看似轻松，但长时间处在这种环境下会导致肌肉和骨骼的萎缩。而且引力过小的天体将难以保留大气层，我们的月球便是一个例子。

综上所述，要在茫茫的宇宙中找到一个真正的"翻版地球"谈何容易。看到这里，大家是否觉得我们应该更加珍惜和保护我们的家乡——地球呢？

太空保卫战

天文学发展带来最震撼心弦的一个认识是，我们生于斯，长于斯的这个地球，原来只是宇宙中的沧海一粟。而 20 世纪最激动人心的一项发展是，人类首次摆脱了大地的束缚，飞进了无尽的太空。

长远来说，太空必会成为人类历史舞台的一部分。但这个舞台会是见证着人类和谐相处、共同发展的"大同世界"的体现？还是会延续人类争权夺利甚至自相残杀的丑恶历史？未来一两代人（包括正在读这本书的你）的抉择将是关键所在。

划时代的《外层空间条约》

1966 年，即人类发射首个人造卫星后 9 年和登陆月球前 3 年，联合国通过了一条意义重大的条约——《外层空间条约》（*The Outer Space Treaty*）。按照这一条约，人类进行太空探险乃至开发太空，都必须以和平为宗旨。而太空及其内的一切天体，都只能属于全人类，而不属于任何"捷足先登"或"后来居上"的国家。

不要忘记，1966 年是 20 世纪"美苏争霸"的高峰期。在这个剑拔弩张的"冷战时代"，美苏双方能够共同签署这样的条约，反映了双方当时还抱持着一丝理想主义的精神，其意义不可谓不大。当然，那时双方的太空科技水平仍然较为落后，难以想象真的会爆发一场"太空战争"，这也是条约得以通过的重要原因之一。

然而，随着冷战的升级和太空科技水平的提升，现实主义的考虑终于把理想主义搁置一旁。1983 年，美国总统里根（Ronald Reagan）提出了"星球大战计划"（Star Wars Program）。这其实只是个俗称，正式的名称是"战略防御倡议"（Strategic Defense Initiative）——提议在太空中建立一个可以把洲际导弹（intercontinental ballistic missile，简称 ICBM）半途击毁的先进武器系统，以让美国免受苏联"偷袭"的危险。

苏联对这个计划提出强烈抗议，因为它公然违反了双方于 1972 年签署的《反弹道导弹条约》（Anti-Ballistic Missile Treaty，简称 ABM 条约）。这一条约的目的是，要禁止双方建立任何导弹防御系统，以保持一种"核阻吓"（nuclear deterrence）或"恐怖的平衡"（balance of terror）。

从一个更宏观的角度看，这个计划最值得非议的是，它违反了《外层空间条约》中的"保卫太空和平"的核心精神。

反对太空军事化

随着里根卸任，这个备受争议的计划最后无疾而终。然而，小布什（George W. Bush）于 2001 年上台后不久，即使当时苏联已经解体，却重新提出一个名叫"国家导弹防御"的计划（National Missile Defense Program，简称"NMD"计划）。最初，这个计划只包括"地对空"的防御系统，但后来却被延伸至太空的领域。再一次地，太空的和平受到了威胁。

2006 年，一群有心人士在联合国倡议一条"太空保卫议案"（Space Preservation Act），提出要建立一个国际监察组织，以防止任何将太空军事化（militarization of space）的企图。可惜的是，这一条议案一直未获通过。比起 40 年前，人类的文明似乎正在退步……

近年来，美国军方秘密试飞最新研制的 X-37B 太空飞机（space

plane），再次引起人们对"太空军事化"的忧虑。各位朋友，以星球大战为题的电影和电子游戏确实十分引人入胜，但在现实世界中，我们要真正进行的"太空保卫战"，是要让电影中、游戏中的那些场面永不发生！

▲ 太空飞机

黑洞诞生

黑洞，一个多么神秘的名字！它究竟是什么东西？它的特性有多怪诞？它会导致地球末日吗？它可以把我们带到另一个宇宙吗？

黑洞的存在，是爱因斯坦相对论一个最奇特的预言。但在未探讨相对论的推论之前，让我们先以传统的牛顿力学，初步了解黑洞究竟是怎么一回事。

▲ 黑洞

引力随质量增加

牛顿的万有引力理论告诉我们，任何物质都具有引力场。以一个像地球或太阳的天体为例，表面引力场的强度会随着天体质量的增加而增大，并随着天体直径的增加而减小。另一方面，任何物体若要离开天体表面飞进太空，它必须拥有可以摆脱表面引力的速度，这个速度名叫"逃逸速度"（escape velocity），即第二宇宙速度。地球的逃逸速度是每秒 11.2 千米，在太阳表面则是每秒 618 千米。

有了上述的认识，我们开始探究黑洞是如何形成的。天文学家的研究显示，恒星演化至晚年会出现不稳定的情况，质量大的恒星更会发生毁灭性的超新星大爆炸（supernova explosion），其间会把大部分物质抛射到太空。计算也显示，假如爆炸剩余的物质仍有超过太阳一倍多的质量，由于所有能源已经耗尽，将没有任何力量阻止这团物质因万有引力作用而不断自我收缩，即"引力坍缩"（gravitational collapse）。这种收缩的结果，将导致黑洞的形成。

光也逃不掉

为什么不断收缩会导致黑洞的形成呢？刚才我们说过，一个天体的逃逸速度取决于天体的表面引力，而表面引力则与天体质量成正比及与直径成反比。上述那团出现引力坍缩的物质，由于质量保持不变但直径却不断变小，它的表面引力必定急速上升，以至其逃逸速度终会达至甚至超过光速。到了那时，就连光线也无法逃离这个天体的表面。

相对论告诉我们，光速是宇宙中的最大速度。如果连光也不能逃脱，那便表示没有什么东西可以逃脱。不能发出光当然漆黑一片；任何事物一旦掉进去便不会再出来，就像是一个无底洞。将两者加起来，我们便得出了一个不折不扣的"黑洞"！

黑洞没有毛

上文介绍了黑洞如何形成，以及它为何会有这个奇特的名称。现在，让我们寻幽探秘，进一步看看黑洞的种种古怪特性。

黑洞是没有毛的！这是科学家经过一番理论演算后获得的古怪结论。所谓"没有毛"，是指星体经历引力坍缩变成黑洞后，一切原有特征，如颜色、物理结构、化学构成等都会消失，只剩下质量、角动量（自旋）和电荷这三种特性。科学家戏称这为"无毛原理"（no hair theorem）。谁说科学家没有幽默感呢？

事件视界内永恒之谜

另一个与黑洞有关的结果是，每个黑洞都被一个"界面"包裹。这个"界面"并非实物，其实是因引力场导致逃逸速度刚好大于光速的地方。也就是说，任何事物，包括光线，一旦跨越这界面，就会在这个宇宙中永远消失而不能重现。而身处黑洞以外的我们也永远无法得知界面内发生了什么事情。正因为这样，我们把这个界面称为"事件视界"（event horizon）。

黑洞既然是黑的，我们又如何能得知它们的存在呢？原来太空中不少恒星是成双成对的双星，假设双星中的一员变成一个黑洞而另一个成员则膨胀成一颗巨星，那么巨星外围的物质便可能被黑洞不断地吸过去。物质在掉进事件视界之前，会因极度的挤压和摩擦而产生高能 X 射线。天文学家在太空深处发现了不少这样的射线源，很有可能就是由黑洞所发出的。为了拍摄到黑洞，天文学家动用了遍布全球的 8 个毫米、亚毫米波射电望远镜，组成了一个"事件视界望远

镜"，从 2017 年 4 月 5 日起进行了数天的联合观测，随后又经过 2 年的数据分析，于 2019 年 4 月 10 日发布了首张黑洞照片。那是一个位于代号为 M87 的星系中，距离地球 5300 万光年，质量相当于 65 亿颗太阳的黑洞。

借白洞穿梭宇宙

按照爱因斯坦的相对论，引力坍缩的结果是一个体积为零，但密度、压力、温度都达到无限大的"奇点"（singularity）。为了避免这种荒谬情况的出现，科学家进行了多年的深入研究。最后有人提出了"超弦理论"（super string theory），可望把奇点这头怪物消除。

对于一个急速旋转的黑洞，理论研究显示：时空在黑洞的中心受到极度折曲后，有可能在"另一个宇宙"重新展开，从而形成"白洞"。不少人推想，只要我们能够穿越连接黑洞与白洞之间的"虫洞"（wormhole），我们便能够穿越时空，驰骋宇宙……

然而，这种浪漫的臆想有着一个很大的漏洞，就是太空飞船和宇航员怎么能够在穿越虫洞期间，避过被超强引力场挤压和拉扯而粉身碎骨的厄运。正因如此，通过虫洞来进行超光速的宇宙探险，至今仍只是美丽的臆想罢了。

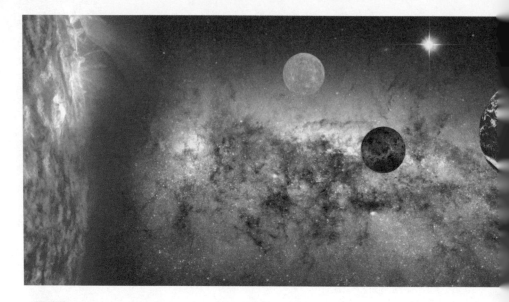

星星怎能主宰命运

幽深和神秘的星空，自古便引发人类不少臆想，例如彗星的出现多被视为凶兆，而"伯利恒之星"则预示着"救世主"的降临等。但随着天文知识的进步，人们逐渐认识到，看似神秘的种种天象，实乃自然界变化的一部分。

有趣的是，在这个号称"科学时代"的 21 世纪，仍有不少报纸杂志刊载《本周星相与运程》等专栏。而不少少男少女，甚至受过高等教育的成年人，都认为星象能提供生活指引。

性格与星星无关

我们属于哪个星座，真的会决定我们的性格吗？金、木、水、火、土等行星"处于"哪个星座，真的会影响我们的运程吗？

稍有天文常识的人都知道，星座的划分纯粹出于我们的想象，因

此不同的民族划分了不同的星座。星座的形态绝大部分是视觉上的巧合，例如大熊座中的北斗七星其实互不相干，每颗星跟地球的距离皆大为不同。试想想，这样的星座又怎可能影响我们的性格和运程呢？

我们所看见的星星，与我们的距离大多在数十甚至数百光年以上，能对我们产生影响实在太匪夷所思了。同属太阳系的金、木、水、火、土等行星离我们则近得多，那么它们真有可能影响地球上发生的事情吗？

磁场可量度并不神秘

宇宙间最无远弗届的力量是万有引力，而月球和太阳的引力正是地球上潮涨潮落的成因。但简单的计算显示，上述那些行星由于质量远远没有太阳那么大，与我们的距离又远远没有月球那么近，它们的引力在地球表面根本微不足道，又怎能影响地球上所发生的事情呢？

过去不止一次由于各大行星在运行时碰巧都走到太阳的一边，一些人于是危言耸听，说什么"九星连珠"下的引力叠加效应，会令地球出现大灾难。当然，每次都没有任何特别的事情发生，人们最后一笑置之。

也许有人会说，行星的影响不是通过万有引力，而是通过磁场作用。但事实是，磁场并非一些人想象的是一种神秘兮兮的超距作用，而是与万有引力一样可以精确量度的物理量。结果呢？影响当然又是微乎其微，以至可以完全忽略不计。

不过，由趋吉避凶的强烈动机所衍生出来的"轻信意愿"（will to believe），不是任何科学分析所能轻易改变的。这其实已经不是一个天文学的问题，而是一个心理学和社会学的问题。

地球最后一秒钟

第五章
科技工程篇

超微纳米世界

踏进 21 世纪，"纳米"已经成为了一个时髦的名词。一些商品——无论是百洁布还是护肤霜，都打着"纳米科技"的旗号，以标榜它们的神奇功效。究竟什么是"纳米"？"纳米科技"又有多神奇呢？

纳米（nanometer）其实是一个长度单位，是一个微小得超乎想象的长度。1 纳米仅为十亿分之一米，即 1 毫米的百万分之一，约为一根头发直径的十万分之一。把 10 个氢原子（宇宙最小的原子）并排在一起，长度便约为 1 纳米。

超微工艺新境界

那么纳米科技又是什么？所谓纳米科技（nanotechnology），是指人类对物质的控制，已达到纳米水平，即分子（molecular）甚至原子（atomic）水平的一种工艺技术。

自从半导体的发明与大型集成电路的发展，人类不少工艺技术已不断趋向微型化（miniaturisation），甚至往超微型化的方向发展。踏进 21 世纪，这股微型化的趋势是否已经到了尽头呢？富有想象力的科学家回答："绝不！纳米科技的兴起，可望将超微工艺的发展推到一个崭新的境界。"

打开一个高级机械手表，内里的微型齿轮和弹簧够精细了吧？你们有没有想过，即使最微细的机械组件如齿轮和活塞等，都由几亿兆个原子所组成？我们真的需要这么多原子吗？原子数量被减至亿兆分之一的一个齿轮，原则上不也可以继续发挥它作为齿轮的作用吗？沿着这个思路下去，我们是否有一天能够像堆积木一般，直接以原子和分子"砌"成一些只能用电子显微镜才看得见的机器？再推前一步，我们也许可以制成一些可在人类血液中巡逻的超微机械人

（nanobots），它们不但可以不停地监视着我们的健康状况，还可协助清除有害的物质，甚至修补身体！

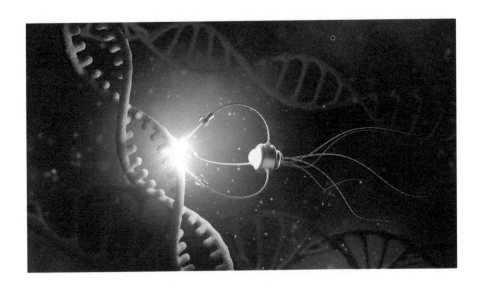

奇异现象涌现的纳米世界

类似科幻小说的情节吗？的确，纳米科技开拓了科幻般的奇妙天地。一般科幻小说只是将传统的事物缩小而已，但在纳米的世界，由于分子间的吸引力（称为范德华力，van der Waals forces），甚至量子力学的效应已变得举足轻重，不少宏观世界不会出现的奇异现象皆会一一涌现。如何利用这些科幻小说也想象不到的现象来为人类服务，是一个巨大的宝库，也是对纳米工程师的重大挑战。

以上只是一个十分粗略的介绍，纳米科技的范围其实十分广阔，它还包括了超分子组合、纳米管、纳米粉体、纳米电子元件、纳米机械、纳米材料、纳米生物科技等。21 世纪无疑将是一个"纳米世纪"！

数字复制无失真

大家都十分清楚，我们正生活在一个"数字时代"（digital age）。但你们能否说得出，在这之前是什么时代呢？

答案是"模拟时代"（analogue age）。数字和模拟的区别在哪里？了解这个问题的答案，将大大有助于我们了解数字科技的威力。

假设在长途电话（不要说互联网）还未普及的年代，一个人被派驻海外工作，他的未婚妻要为他在中国订制一枚结婚戒指。这个人可以用什么方法告知未婚妻他手指的粗细呢？这个人可用一条细小的绳子在无名指绕一圈，并在绳上作标记，以表示手指有多粗。如今，他有两个选择：一是把绳子放进信封寄回中国，二是量度绳子上所示的手指粗细的长度，并把有关数字（如多少毫米）写在信上寄回国。

资料数字化　传递不失真

上述两个方法中，前者正是模拟式通信，后者则是数字式通信的好例子。（早年，笔者加入天文台后被派往英国接受气象训练，同行的一位同事正遇上这个问题，所以这是个真实的例子！）模拟的好处是直接和准确，但容易失真，例如绳子会因温度和湿度的变化而改变长度。至于数字，如量度的单元不够细密（如上述只达到毫米级），精确度可能不及模拟。但资料一旦数字化，传递时便不会出现失真。

一个很好的例子是以前的"黑胶唱片"（即LP，英文long play records）和"激光唱片"（即"CD"，英文全称"compact disc"）之间的分别。唱针在黑胶唱片的坑纹中移动并把信息传给扩音机是一种模拟过程，而激光束从CD表面读取"0"或"1"的信号，这些信号通过解码器的解码（decoding）再传给扩音机，则是一个先

▲ 黑胶唱片

数字后模拟的过程。但一些"音响发烧友"总是觉得"CD"的声音不及"LP",这是什么原因呢?这便涉及上述的"精确度不足"的问题。

再以数码相机为例,比起传统以胶卷拍摄的照片,初期的相机因为只有一两百万像素,影像明显不及胶卷拍摄的精细,令人看来有"很假"的感觉。当然,随着技术进步和具有高像素的相机出现,这种情况已经有了很大的改善。

撇开了像素上的考虑,数码摄影的很多优势是以化学感光为基础的模拟技术所没有的。由于影像皆由像素构成,而每一像素都可化为一串可由电脑处理的数字,因此我们可以通过电脑轻易地对影像进行种种加工。此外,我们也可把影像以数据的方式传递和复制,且不会引起任何失真。在21世纪出生的读者,当然不知模拟电视广播中恼人的"雪花"和"鬼影"是怎么回事。

数字复制版权难保

最后的一点也是数字时代带来的挑战之一。在录影带(videotape)的年代,我们固然可以把一部电影录下并送给朋友,朋友也可把录影带复制再送给朋友……但这种模拟年代的复制,每录一次画面质量便下降一截,影像很快会不堪入目。相反,数字复制理论上可以全无失真,因此无论复制多少次,影像都和原装一样漂亮。这无疑是版权保护的一个梦魇!

互联网的秘密

对大部分人来说，互联网已是日常生活不可或缺的一部分。但大家知不知道，是什么技术令互联网于短短二三十年间席卷全球呢？

"是计算机技术！"你可能会说。但不要忘记计算机的发展始于 20 世纪 40 年代，为什么互联网直到 20 世纪 90 年代才崛起呢？

分组交换　幕后功臣

"是通信技术！"你也可能会说。但人造通信地球卫星始于 20 世纪 60 年代，光导纤维发明于 20 世纪 70 年代，当时也未能引发互联网的诞生啊！

其实上述两个答案都没有错，只是不够全面罢了。互联网的出现，其实是计算机技术与通信技术结合的伟大成果，两者缺一不可。

计算机处理数据的惊人威力、人造卫星通信的无远弗届、光纤通

信的庞大容量……这些都是人们所熟知的。但互联网之所以能席卷全球，背后还有一个鲜为人知的功臣，它的名字叫"分组交换"（packet switching）。

信息小包　自由移动

什么是分组交换呢？原来自从人类发明电报、无线电等现代通信方式以来，信息的传送一般都会按照通信网络中的某一特定路线进行。举一个例子，假设我们拨一个长途电话到地球的另一端，我们的语音信号可能通过旧式的电话网络、人造卫星、海底电缆、新式的光纤网络，然后才抵达对方的听筒。但无论路线有多复杂，通信一旦接上了，所有信息都会按着这一特定路线来回传递。这种传统的通信方式称为"电路交换"（circuit switching）。

至于分组交换，是把信息用计算机分割成一小包一小包，每包都加上了编号、目的地等数据标签。有了这些标签，众多的"信息包"无需再沿着一条特定路线传递，可以到处寻找交通最顺畅的路线前进。当它们抵达目的地时，计算机会把整段信息按照"信息包"的编号进行重组。

不要小觑这个看似简单的概念。它大大提升了通信网络的总流量，保障了通信的可靠性（即使其中一条路线中断了也不会影响通信），并且大大降低了长距离通信的成本，因此分组交换是互联网成功崛起的一个幕后功臣。

电波资源争夺战

无线通信——无论是电视广播、无线上网或移动电话，都已成为了现代生活不可或缺的一部分。但大家有没有想过，在无线通信的背后，其实牵涉着不少无形资源的争夺？

频谱分配利益重大

无线电波（radio waves）是一个统称，它包括了波长由数厘米开始的微波，然后是波长逐渐增加的极短波、超短波、短波、中波、长波、超长波，以至波长达数千米的极长波等电磁波（electromagnetic waves）。就通信而言，波长越短，可承载的信息量便越大，但接收者必须在"视线范围"内。长波可绕过障碍物，甚至利用电离层（ionosphere）的反射而达至地平线以外的地方，但它的严重缺点是信息承载量小，也容易受到电磁干扰。

有了上述的认识，我们便不难想象，大气中的无线电波频谱（electromagnetic spectrum）是一项十分珍贵的资源。世界各国的电信管理部门，都必须制定有关的频谱分配（frequency allocation）政策，并且随着科技的日新月异，不断调整政策以配合社会的需求。不用说，其间既涉及公众的利益，也涉及巨大的商业利益。

同步轨道星满之患

另一项看不见的资源，是在赤道上空 35786 千米的太空。这个高度有什么特别呢？原来一个人造卫星环绕地球一周所需的时间，会随着它跟地球的距离而增加。一般离地面 1000 千米左右的人造卫星，绕地球一周需一两个小时。但一个处于 35786 千米高空的卫星，环绕地球的周期刚好是 24 小时。也就是说，一个处于这个轨道的卫星，在地球表面上的人看来将会固定不动。这个轨道，我们称为"地球同步轨道"。

▲ 人造卫星

不用说，这个轨道对于全球通信的意义十分重大。过去数十年来，被放置在这个轨道上的人造卫星越来越多，至今已出现"星满之患"，从而需要国际性的协调。

另一项鲜为人知的资源是山头。由于短波通信有视线要求，故能否在具有战略地位的山头安装发射器，是通信网络覆盖是否良好的关键。大家可能不知道，电信管理部门中有一组人是专门负责"分山头"背后的技术和政策分析的呢！

放大魔法之一：CCD 革命

犹如电话和电视一样，数码相机面世后也迅速成为我们日常生活中不可或缺的部分，再加上手机的数码录影功能，我们甚至可以说，随时随地把影像记录下来已经成为了现代文明的一大特征。只要留意一下电视新闻节目中越来越多的由路人用手机拍下的片段，或者在报纸上由游客用手机拍下的相片就知道，这种发展的影响有多大。就新闻报道而言，这种尖端科技配合互联网已经掀起了一次全球运动，称为"民间新闻"运动。

很多人（20 岁以下的人除外）仍会记得，曾经有一段时间我们摄影时使用的是一卷卷的胶卷，上面最多只有 36 格，由于每格拍后都不可改变，因此每次按下快门前都要非常谨慎，以免浪费了宝贵的胶卷。此外，除非阳光灿烂，否则我们常常要使用闪光灯，因此在禁止使用闪光灯的昏暗环境，例如博物馆或剧场等，我们就不能拍出很高质量的照片了。

手机受惠于爱因斯坦？

不过，上述这些事情已经成为历史！我们的科技如何在如此短暂的时间里有这么大的进步呢？

这快速变革的秘密就在一个小仪器之中，它称为"电荷耦合元件"（charged-coupled device，简称 CCD）。大约 40 年前，我第一次认识到这种奇特的科技，当时这是天文摄影中的最新技术，对大众而言是一种极其冷门而且昂贵的玩意。（不好！我好像刚暴露了自己的年龄了……不要紧吧！）我做梦也没有想过，有朝一日几乎所有人的口袋里都有这样的一个仪器。

更为有趣的一点是，我相当肯定超过99%的手机用户都不晓得，在每部数码相机（在今天来说即是每部手机）背后，原来都埋藏着一个让爱因斯坦获得诺贝尔奖的科学原理！

首先，很多人都不知道爱因斯坦不是因为"相对论"而获得诺贝尔物理学奖，而是因研究"光电效应"（photoelectric effect）而得奖的。爱因斯坦利用当时刚被提出的"量子理论"（quantum theory），解释金属表面的电子，如何因为不同频率的光线照射而被释放出来。虽然我们不能在此深入讲解光电效应的细节，但这一现象的关键之处，在于光子的撞击可以产生电子，而电子可以转化为电流，电流则可被放大。

经过严密设计的 CCD，利用光电效应，可以吸收 70% 的入射光线能量。相比之下，胶卷表面能够与光发生作用的溴化银（bromide silver），则只能吸收 2% 左右的入射光线能量。再者，一旦溴化银发生化学改变便无法再进行加工，而我们却能把 CCD 所产生的电子信号放大数百至数千万倍，然后利用精密的电脑软件把信号数字化，继而进行处理，再以不同方式呈现出来。

在钨丝灯泡中，电流经过金属丝而产生光线（电产生光）；与此恰恰相反，落下的光线则通过 CCD 在金属里产生电能（光产生电）。这些看似细微的物理现象都为现代生活带来了革命性的改变。

放大魔法之二：PCR 革命

　　在上一篇，我们介绍了电荷耦合元件（CCD）的"放大魔法"，它是惊人的数码相机革命背后的秘密，其基本的原理是当光子落在 CCD 装置上，装置就会释出电子（光电效应），而引发的电子信号可被放大数百至数千万倍，从而产生一幅清晰的图像。

　　有趣的是，正当 CCD 为摄影带来革命时，另一种放大魔法正在医学及生物科技领域中带来翻天覆地的改变。这种魔法称为"聚合酶链式反应"（polymerase chain reaction，简称 PCR）。

多用作身份辨别

▲ 基因

　　基因（gene）是复制生命和控制遗传的基本单元，而脱氧核糖核酸（DNA）则是基因的物质基础。自从大半世纪前科学家发现了

DNA 的双螺旋结构（double helix stucture），我们对生命奥秘的了解跨出了一大步。然而，这些知识上的进展极少能被直接应用到日常生活之中，主要的原因是，我们能从生物体内提取的特定 DNA 片段，其分量都极为稀少。

在初期，要复制 DNA 片段的唯一方法，就是用一种特别的技术，把 DNA 放进一个细菌里。细菌分裂时，那段 DNA 也会被复制，经过许多次分裂后，被复制后的 DNA 物质就可以被提取出来。不过，这个方法非常复杂繁琐，而且耗费时间和金钱，因此并不适合快速和大规模的应用。

由生物学家凯利·穆利斯（Kary Mullis）于 1983 年发明的"聚合酶链式反应"改变了这个局面。我们无法在此把所有技术细节——道来，但这个反应的必要步骤是：

1. 把 DNA 物质加热至大约 95 摄氏度；

2. 加入小段的 DNA 作为"引物"；

3. 利用一种称为"DNA 聚合酶"的酶去复制我们想要研究的 DNA。

如果我们多次重复以上的过程（现在这个过程可以实现自动化），原本的 DNA 片段可以在短时间内复制数十亿倍。

"PCR 革命"令 DNA 物质的分量大大增加，从而满足不同领域的分析研究。这种放大的魔法已令许多重要的应用得以实现，例如"DNA 指纹分析"（DNA fingerprintanalysis）是科学鉴定中一种强力的身份辨别技术。其他重要的应用包括诊断遗传疾病、亲子鉴定，以及科学研究中的基因复制等。

下次当你收看类似《犯罪现场调查》等的电视剧集时，你就会知道，其中一个协助破案的幕后英雄，便是"聚合酶链式反应"。

如何证明地球在自转

今天，任何一个小学生都可以告诉我们，地球是一颗在不停转动的行星，且每转一周所需的时间是 24 小时。

然而在古代，太阳和星辰的"东升西落"，都被看作天体的实际运动，而我们所处的大地，则是稳如泰山地固定不动，甚至位于宇宙的中心。

你可能嘲笑古人的无知。但请想想，以他们的观察和感受出发，他们这个结论真的这般"无知"吗？反过来说，你知道地球在转动，但你有什么证据呢？你感受到它真的在转动吗？

古人真的无知吗？

事实当然是，你根本无法感受到地球在转动。这是因为我们每一刻都在万有引力的作用下，随着地球做出同样的转动。虽然实际情况更为复杂，但这便有点像我们坐在一艘十分平稳的大船之中，如果不望出窗外，往往无法分辨大船是停止不前还是在破浪前进。

今天，人类已经飞离地球甚至登陆月球，地球的自转已是可以直接观测得到的一个事实。但问题是，如果我们选择留在地球表面进行科学探究，我们可以证明地球在运动吗？

答案是："当然可以！"而且这个证据既简单又美妙。

笔者于多年前在欧洲游玩，首次目睹这个证据。最近一次在欧洲游玩时，刻意带着女儿前往参观，兴奋之情不减当年（第一次参观时女儿还未出生呢）！

我所说的是，德国慕尼黑著名的"德意志博物馆"（Deutsches

museum）内的"傅科摆"（foucault pendulum）。

　　什么是傅科摆呢？原来这是一个几乎简单得无法再简单的装置：一条长长的钢线吊着一个沉甸甸的铁球。钢线的一端固定在数十米的高处，而铁球则在下面徐徐地摆动。在博物馆内，整个装置被安放在一个贯穿数层楼的宽敞楼梯间。

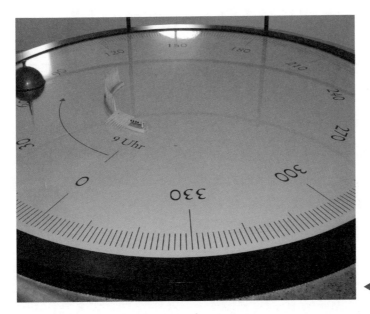

◀ 傅科摆

　　从相片可见，铁球下方是一个画有刻度的圆盘（量角器），而且还有一些轻轻一碰便会倒下的垂直木条。聪明的你是否已经想到整个装置背后的原理呢？

既简单又美妙的证据

　　原理十分简单，铁球来回摆动之时，惯性作用使运动处于一个固定的垂直平面之内。如果地球没有转动，这个摆动平面应该十分固定而不会改变方向。但由于地球的自转运动，相对于貌似固定的地面而言，这个摆动平面会逐渐改变方向。这种似乎无端而来的变化，正是地球正在转动的证据！

如果我们假设这个傅科摆被安装在地球的北极，则这个现象便再清楚不过了。即使安装之处并非北极，摆动平面的转向仍会出现，只不过转向的形态会略有不同罢了。

理论上，任何具有牢固支点的钟摆都会出现这种现象，只是一般钟摆的摆动时间太短，转向的运动难以被察觉，而德意志博物馆中的这个傅科摆，由于吊索特长而令徐徐摆动的时间大增，摆动平面逐渐转向的现象才可以被清楚显示出来。

让我们再看看相片，圆盘上的刻度虽然可以帮助我们看出转向的情况，但那些垂直的木条又有什么作用呢？原来铁球的底部还装了一根细细的铁杆，随着摆动平面的转向，铁杆会把周边的木条逐一推倒（从上一页的照片中可见，一些木条已经倒下）。

太阳能世纪

笔者大胆地预言，21 世纪会是一个"太阳能世纪"。我对这个预言信心十足，主要原因有二：一是石油峰值（peak oil），二是全球变暖。

什么是石油峰值呢？科学家的研究显示，原来地壳中较易开采的石油，至今已被人类开采得所剩不多了。也就是说，过去全球石油产量一年高于一年的情况不会再现。

太阳能属优先开发

随着产量下降、开采成本增加以及发展中国家对石油的需求有增无减，石油的价格长远来说只会不断上升，而开发新能源的驱动力会越来越大。不用说，太阳能正位列这些"新能源"的榜首。

没错，科学家的研究也显示，煤在地壳中的藏量较石油高得多，如果我们放弃石油而全面改用煤作为能源（就像回到工业革命初期的状况），这些煤也足够我们用上两三百年。

汽车和飞机如何烧煤固然是一个问题，但更大的问题是，以煤作为能源所导致的全球变暖，将令人类陷入万劫不复的地步（以石油作能源其实也是一样，只是危害略轻）。不要说两三百年，就是未来100 年，人类的文明能否熬得过去也是一个极大的疑问。

为了扭转全球变暖的威胁，尽快停止燃烧一切产生二氧化碳的化石燃料（包括煤、石油和天然气），以及开发清洁的替代能源，已成为了全人类的当务之急。而太阳能，也正位列这些清洁能源的榜首。

不少人会说，用太阳能来为游泳池提供一点热水还可以，可用以支撑整个现代文明的能源需求是绝不实际的一回事。好！就让我们来看看一些基本的事实和数据。

　　科学家通过了简单的计算显示，地球每一刻所接收的太阳辐射总能量，是现今全球能源消耗量的 8000 倍之多。没错，我们现在最先进的太阳能光伏板（photovoltaic panel），其效率（efficiency，即把辐射能量转化为电能的百分比）一般只有 20% 左右。即使以这个效率，地球接收的太阳能也较人类的能源消耗量大 1600 倍。

▲ 太阳能发电板

撒哈拉沙漠太阳能已够用

　　且慢！聪明的你可能会说，地球表面四分之三是海洋，而陆地上也有不少高山和森林，可以用来建造大规模太阳能收集站的面积并不多。也就是说，我们最多只能捕捉落到地球表面的太阳能的一小部分。

的确如此，但科学家已经计算过，随便拿非洲撒哈拉沙漠受日照最猛烈的一块边长 200 多千米的方形区域，其接收的太阳辐射总能量，已足够整个世界之用！

既然如此，为何我们还要担心石油峰值和全球变暖呢？

唉！这便把我们从物理学带到经济学、社会学以及政策等这些复杂的问题上。

从最简单的经济学角度看，燃煤发电的成本至今仍然较太阳能发电低出一截。市场上缺乏竞争力，企业家当然不肯作出大笔投资以发展太阳能。

但不少有识之士早已指出，燃煤发电的成本其实是假的成本，因为它没有把全球变暖及其他环境破坏（例如空气污染）的巨大损失计算在内。要反映出它的真实成本，我们必须引入碳税（carbon tax）。如此一来，太阳能发电的竞争力将被大大提升，从而成为人类的主要能源。

如今，有些国家已经在碳税方面出台相关政策，但征收碳税只需额外增加非常少的管理成本就可以实现。

能源太空寻

车辆、船舶和飞机以汽油为燃料，是大气污染和温室效应的元凶之一。在汽车制造商的眼中，中国和印度的人口加起来近 28 亿，是令人兴奋不已的庞大市场。但在那些关心环境的人士看来，单就中、印两国汽车数量增长而加剧的温室效应，无疑是个令人忧心如焚的梦魇。

电动汽车的发展其实已有数十年历史，但是因为各种利益关系及人们的生活方式，电动汽车在早期并未得到积极推动。近年人们的环保意识高涨，一些汽车生产商先是推出了汽油和电池并用的"混合动力汽车"（hybrid car），及后推出的一些"纯电动汽车"（battery electric vehicle，简称 BEV），并且开始在市场中流行起来。

电是人类迄今找到最清洁的能源。问题是，除了暴风雨的闪电外，电很少存在于自然界，从而必须通过其他方法产生，如火力发电（即燃烧煤、天然气等）、水力发电、风力发电、核能发电等。前面说的电动汽车虽然有助环保，但电池需要充电，如果提供这些电的发电厂仍然以火力发电为主，那么对保护环境的作用仍不大。

核能不能解决这个问题吗？我国已在多个沿岸地区建了多座核电站，但全国发电量中的核电比例仍较低。

微波传送能量

太阳能电池（solar battery）的发明，能直接将阳光的能量转化为电能，是解决人类能源问题的重大突破。可惜数十年来，由于成本较大，加上太阳辐射容易受天气、日夜、季节、地理环境等复杂因素的影响，太阳能发电至今只占全球总发电量的很少部分。

为了克服上述困难，早在 1968 年，美国科学家彼得·格雷泽（Peter Glaser）就提出了一个大胆构想：在太空建设巨大的太阳能收集站（solar power satellite，简称 SPS），收集到的能量以微波（microwave）波束传送回地面。这个构思理论上完全可行，技术上的要求却高得很。然而成事关键其实不在技术，而在于我们是否有长远的目光。

新氢能源 H$_2$

在人类历史上曾经出现的各种能源当中，石油肯定会成为历时最短暂的一种。即使我们乐观地估计，石油时代也历经超过一半的光景。我们面对的问题并非石油时代能否延续，而是石油之后是什么？

作为人类文明的后继能源，呼声最高的两名候选者是受控核聚变和太阳能。遗憾的是，即使 60 年前，科学家便已认定它们是最佳候选者，但大半个世纪过去了，两者都未能脱颖而出取代石油的地位。

车船燃料要安全可靠且便于携带

然而，在未探讨这个重大课题之前，让我们从另一个角度看看，什么能源可以成为石油的代替品。所谓另一个角度，是指无论工业文明的基础能源是什么，全球数以亿计的汽车、轮船、飞机等交通工具，仍然需要一种安全可靠且便于携带的燃料。以核能或太阳能直接驱动的汽车目前在技术上是不切实际的构想。

早在 50 多年前，科学家已找到了适用于交通工具而且没有污染的石油代替品，它便是宇宙中最简单也最丰富的元素——氢。

要知石油其实是碳氢化合物，它与氧气结合燃烧，除了产生能量外还会产生二氧化碳。而氢燃烧的唯一产物——聪明的你必定已猜到了——便是水（H_2O）。也就是说，氢是一种最清洁的燃料。

非"氢"不取？涉及社会经济学问题

只要一不小心，氢和氧的结合便可以产生极具杀伤力的爆炸。发生于 1937 年的"兴登堡号空难"便是一个著名的例子。早在 20 世纪 60 年代，科学家便已发明了一种装置，它不但可以让氢和氧安全地结合，还可将释出的能量直接转化为电能。这种装置称为"燃料电池"（fuel cell），曾广泛应用于人造卫星和太空探测器之上。

但氢是一种气体，要储存并不容易。数十年来，科学家已找出了多种以化合物的形式储存氢的方法。但整个以石油为基础的运输工业，至今仍未有朝氢燃料转向的迹象。背后牵涉的已不是科技的问题，而是社会经济学的问题。

氢从哪里来？

燃料电池利用氢气作燃料发电。与传统化石燃料不同，氢无需开采，收集过程较开采煤矿和钻探石油容易，但由于地球上自然存在的氢极少，要取得大量氢气只能依靠人工制造。

太阳能、水力等皆可提供电力以产生电解反应。所谓电解，其实是以水作电解质（electrolyte），通电后水被分解成氢和氧。然而，如果提供的电力来自化石燃料的火力发电厂，那么其间仍会产生污染，这样氢作为一种"清洁燃料"也会大打折扣。除了电解，生物科技也可应用于制氢技术。细菌制氢、发酵制氢及沼气回收都是制氢技术的"明日之星"。

根据专家的分析，由于传统电池的储存和充电功能近年不断提升，电动汽车而非燃料电池汽车终将成为主流。但另一方面，就大型的长途货车和远洋的轮船而言，氢气发电仍然有它的巨大优势，因此"氢经济"仍然有着远大的前景。

与敌同眠

　　释放原子核里的巨大能量，是人类在 20 世纪的一项伟大成就。遗憾的是，核能的首次应用，是作为战争中的"超级武器"：美国于 1945 年投掷于日本广岛和长崎上空的原子弹。

　　很快，人们也把原子核里的巨大能量转用于和平的用途。核能发电更一度为解决现代文明的能源问题带来了光明的前景。不幸的是，核能所产生的辐射污染问题，从一开始便给这一前景蒙上阴影。自 1979 年的美国三里岛核事故、1986 年的苏联切尔诺贝利核事故和 2011 年的日本福岛核事故以来，核电更是成为了所有环保团体的"头号敌人"。

放射性标签 ▶

与核电结盟

世事变幻莫测，在核电"急刹车"之后，各国唯有继续燃烧大量的煤、石油等化石燃料（fossil fuels），以满足有增无减的能源需求。结果，燃烧时释出的二氧化碳充斥于整个大气层，并且通过温室效应的作用，令地球的温度不断上升。过去数十年来，这已导致世界各地的冰川不断消失、两极冰川迅速融化、海洋变酸，以及全球天气反常等一系列恶果。

踏进 21 世纪以来，科学家已经清楚看出，如今人类面对的"头号敌人"是全球变暖。一些人更指出，要对付这个极其凶险的敌人，我们必须与之前的敌人——核电——结盟。

我们真的要"与敌同眠"吗？让我们看看环保人士反对核电的主要理由：

· 核电产生的废料含有极危险的辐射，而且可以遗祸数百年甚至数千年之久。

- 核电厂若发生严重事故（无论是意外或外来的袭击），很可能将大量辐射污染物散布到环境中去。

- 核燃料可以用来制造核武器，如果在提炼和运送期间落入恐怖分子的手中，后果更是不堪设想。

- 核电厂始终有老化和被拆的一天（不少 20 世纪中叶建成的核电厂正面临这一命运），而因为辐射的问题，拆的费用一般十分高昂，而且处理废弃的材料也是一个头痛的问题。

基于上述的考虑，大部分环保人士都坚决反对核电工业，而呼吁大力发展类似风能、太阳能等清洁的"可再生能源"。

问题是，阻止全球变暖是一个刻不容缓的挑战。即使可再生能源最终能够满足我们庞大的能源需求，那至少也是二三十年后的事情（这已是一个十分乐观的估计）。而在未来的数十年里，核能发电可能是唯一可以减少全球二氧化碳排放的切实可行的方法。

此外，无论是太阳能或风能，都存在着供应不稳定的间歇性问题，而且在天阴、黑夜或无风之时，我们仍然需要一个即时可以补上的能源供应。核电便是这个问题的最佳答案。

大家可能有所不知，在一些国家的供电系统里，核电已经占有十分重要的地位。在法国，核电占法国国内发电量的 75% 以上；在日本，核电占比也接近 30%；即使美国在 1979 年后已没有建新的核电站，其核电占比也仍然有 20%。

笔者完全支持大力发展可再生能源和在日常生活中尽量节能，但依笔者的分析，在"两害相衡取其轻"的原则下，核电仍然是过渡期间我们必须学会"同眠"的一个"敌人"……

地球最后一秒钟

第六章
未来世界篇

机器人三大定律

机器人时代将于何时来临？大家可能没有想过，这虽然是个科技的问题，但同时也是一个社会抉择的问题。

试想想，一个到处可见到机器人的社会，真的会让我们安心吗？不法分子利用机器人做坏事怎么办？机器人出了故障伤害人类怎么办？更为甚者，机器人若衍生出自我意识和感情，最后叛变并与人类为敌怎么办？

人类并非今天才想到这些问题。早在 20 世纪 20 年代，当捷克剧作家恰佩克（Karel Capek）创造出"robot"这个名词时，类似的问题便已萦绕人们心中。虽然恰佩克最先构思的"robot"，是指以生物方法培育的人造奴隶，但很快，科幻小说作家都以"robot"指代金属制的人形机器——我们今天所指的机器人，并于 20 世纪三四十年代，创作出大量有关机器人失控并伤害人类的惊悚故事。

机器人定律的诞生

当时还是个年轻小伙子的科幻作家阿西莫夫（Isaac Asimov），有感于这种他认为极不合理的陈腔滥调蔚然成风，遂于 1940 年左右创立了赫赫有名的"机器人学三大定律"（the three laws of robotics）：

1. 机器人不得伤害人类，或袖手旁观让人类受到伤害；

2. 在不违反第一定律的情况下，机器人必须服从人类给予的命令；

3. 在不违反第一定律和第二定律的情况下，机器人必须尽力保护自己。〔注意，"机器人学"（robotics）这个名词就是由阿西莫夫所自创的。〕

一夜之间，机器人叛变的陈腔滥调成为明日黄花。笔者于中学二年级首次读到这三大定律，兴奋得彻夜难眠。大半个世纪后，日本发展出第一个能模拟人类动作（如打招呼、上楼梯……）的机器人，并命名为阿西莫（ASIMO），正是向这个"机器人学"的开山鼻祖致敬。

然而，现实世界当然较科幻小说中的描述复杂得多。"机器人三大定律"在理念上十分精彩，在具体执行上却困难重重。即使到了 21 世纪的今天，对于"机器人时代何时来临？"这个问题，仍然没有人能给出肯定的答案。

好莱坞的一部电影《我，机器人》（I, Robot）就是改编自阿西莫夫的作品。要领略阿西莫夫作品的精神面貌，笔者更推荐多年前也是改编自阿西莫夫作品的电影《铁甲再生人》（Bicentennial Man）。

自我繁殖的机器人

我们能不能制造一个可以自我繁殖的机器人？

当然我们所说的，并非一个机器人可以像人类那样"生"出另一个机器人；我们指的是，一个机器人能够在实验室或工厂中制造出一个和自己完全一样的复制品。假如这是可能的话，我们只需要制造一个机器人，然后让它制作所有其他的机器人就可以了。这可是自动化制造业的终极梦想。

不过，这是否真的可能呢？如果一个机器人能够制造出一个自己的复制品，那这个机器人的"大脑"（严格来说是"中央处理器"，即 CPU）内，必定要包含一组指令教它如何进行复制的操作，对吧？如果第二代机器人也要能够制作另一个和它一样的机器人，它也一定要包含这一组指令。同样，第三代机器人也必须包含这一组指令……如此类推。

自我复制机器违反逻辑？

推论的结果似乎是这样：原来的机器人身上的指令似乎要包括第二组指令，而第二组指令又要包括第三组指令，而第三组指令又要包括……如此无穷无尽。

那么，这是否代表"自我繁殖的机器人"，是逻辑上不可能的呢？

虽然"自我繁殖的机器人"早在 20 世纪初的科幻小说中出现，但不少学者都对整个概念非常怀疑，原因就是以上的推理。

到了 20 世纪 50 年代，科学家约翰·冯·诺依曼（John Von Neumann）对这个问题的研究有了突破。通过精辟的深入分析，他证明了"自我繁殖的机器人"不一定要包含无限倒退（infinite regress），也没有任何逻辑矛盾。他的分析非常数学化，相关的论文收录于 1966 年出版的《自我繁殖机器理论》（*The Theory of Self-reproducing Automata*）。

终于，这个富有幻想性的科幻小说理念，首次从数理科学那儿得到最坚实的支持。时至今日，"冯·诺依曼机"（von Neumann machine）一词专指任何有能力自我复制的机器。许多人相信这种机器在未来能够为宇宙探索提供高效的方法。一些人更推测这种机器可能被外太空文明所应用，而我们在外太空遇上的第一种"外星事物"很可能就是这种机器。

冯·诺依曼作出突破后不久，人们发现了 DNA 的结构，破解了古老的遗传与自我复制之谜。令科学家既惊讶又兴奋的是，生命自我复制所采取的模式，竟然与冯·诺依曼所描述的数理逻辑框架完全吻合，这可真是人类理性思维的一项伟大成就呢！

善哉人造肉

　　10 年前，笔者曾读过一篇令人十分兴奋的报道：丹麦定了一个目标，那便是到 2040 年，全国人口的肉食量之中，至少要有 40% 来自人造肉。

　　"什么是人造肉呢？"你可能会好奇地问。所谓人造肉，其实并非真正的肉类，而是以各种不同的植物——特别是豆类，通过各种特殊的方法制作而成的外形、质感和味道都与肉类近似的一种食物。

百利无一害

　　人造肉的概念其实并不新鲜。早在 20 世纪 60 年代，便已有人提出大力发展人造肉，以应付世界人口急增所带来的粮食问题。还记得笔者于 20 世纪 70 年代初念中学期间，在学校大会堂展览厅参观一年一度的"科技展"时，曾在其中一个摊位中看到有关人造肉的介绍，并亲尝了一点人造肉的味道。当时得知台湾已经有人设厂制造和推销这种"肉类"，可惜由于种种原因，多年之后，这种食物仍无法在社会上流行起来，更不用说取代真正的肉类了。

　　转眼数十年过去了。在人类踏进 21 世纪第 2 个 10 年之际，欣闻丹麦的有关决定，再加上笔者近年来对全球生态危机的深入认识，重新坚定了笔者原有的一个信念：以人造肉取代真正的肉类，将成为人类文明未来发展的一个必然方向。

　　为什么笔者会这样想呢？因为食用人造肉会带来三大好处。

（一）避免全球生态环境的崩溃

　　人类社会一个必然的发展规律是，社会越是富裕，人们的肉食量便越高。在过往，大量吃肉只是西方发达国家中的一个现象。但到了今天，随着其他国家也开始富裕起来，对肉食的需求遂有增无减。要知道这些国家的总人口较西方发达国家的至少多出 4 倍，这将对全球的粮食生产和生态环境，包括土地的开垦和森林的破坏、水资源的污染、温室气体的排放等带来巨大的压力。大力推广人造肉，可以帮助缓解这些压力，避免全球生态的崩溃。当然，一个基本的事实是，要制造同等分量的食物，牲畜所耗费的资源比谷物、蔬果等都大得多。

（二）有利我们的身体健康

由于现代人大都从事脑力劳动而缺乏运动，大量吃肉其实对我们的健康十分有害。由于脂肪的积聚，心血管病已在大部分发达国家中成为了继癌症之后的第二大杀手。转吃人造肉（假设其中没有加添任何对健康有害的成分）将会大大改善我们的健康问题。

（三）有利我们的心灵健康

人类文明发展最值得称颂的一点是，"爱心"与"和谐"在一个个层面上不断扩大：从家庭扩大到家族，从家族扩大至民族和国家，再从国家扩大至各个国家与民族之间，最后扩展至地球上的所有生物。今天，虐待动物在不少国家都是刑事罪行。转吃人造肉（即使未能做到百分之百）可以大大减少杀生，是人类道德成长的"必由之路"。

至此各位应该明白，笔者这篇文章的题目为什么称为"善哉人造肉"了吧！

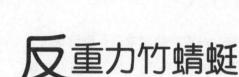

反重力竹蜻蜓

大家小时候都看过日本著名的漫画《哆啦Ａ梦》吧！这部漫画曾被改编成动画甚至电影。它之所以脍炙人口，历久不衰，一大原因是其内充满了引人入胜的奇思妙想。在以下多篇文章之中，让我们一起以科学的角度，看看动漫中的奇思妙想是否有可能实现！

哆啦Ａ梦最常用的一样法宝，是可以让它与大雄遨游天际的"竹蜻蜓"。表面看来，竹蜻蜓的原理与常见的直升机好像没多大区别，似乎不算什么"超能力法宝"。但只要我们细想一下，便知道这个"竹蜻蜓"完全是一种童话式的梦想。

可不是吗？在现实世界中，直升机的螺旋翼必须十分巨大，才可在高速转动时把机身提起。竹蜻蜓如此细小，又怎能提起哆啦Ａ梦和大雄的身躯？

或许我们可以争辩说，竹蜻蜓的转速较直升机机翼快很多，因此能够产生足够大的力量提起人体。但我们再看看大雄戴着竹蜻蜓飞行时，头发一点也没有散乱，便知道这是说不通的。

也许竹蜻蜓真的用了超能科技？例如它可能是一个反重力装置，而螺旋翼旋转运动只是装置运行时的一种表现，甚至只是一种装饰。

反重力（在地球上也可称为反地心吸力）确实是超乎现今科学理论的一种假设。早在100年前，拥有"现代科幻小说之父"美誉的英国作家威尔斯（H. G. Wells），就曾运用丰富的想象力假设人类发明了一种反重力物质，并利用它建造太空飞船，从而摆脱地球的引力前往月球探险。

故事的主人公在月球上有什么惊人发现？恕我卖个关子，你们可以找这本小说一看！小说名叫《第一个到达月球的人》（*The First Men in the Moon*）。

穿越时空随意门

　　"随意门"是哆啦A梦一项十分厉害的法宝，它可以穿越任何空间的阻隔，让我们在一瞬间到达任何地方。如果它真的可行，那么所有汽车、轮船、飞机等交通工具都会被淘汰，最终成为博物馆里的收藏品。

"随意门"的构想有可能实现吗？

　　如果我们在20世纪初提出这个问题，答案将十分简单——不可能。1905年，一个只有26岁的年轻人发表了一个惊人的科学理论，为上述的"不可能"提供了强而有力的科学论证。你们猜到这个年轻人是谁吗？没错，他就是大名鼎鼎的爱因斯坦。

　　爱因斯坦于1905年发表的《狭义相对论》，论证了宇宙中最高的速度是光速。"随意门"所假想的"瞬时旅行"（teleportation）超越了光速，因此是不可能的。

　　故事的奇妙之处在于，10年后的爱因斯坦发表了一个更为惊人的理论，挑战这个"不可能"！

　　爱因斯坦于1915年发表的《广义相对论》，论证了时间和空间密不可分，并可能具有自身的结构。往后的研究更表示，时空可能出现极度扭曲的情况，从而产生一个叫作"虫洞"的东西。理论上，如果我们有办法穿越虫洞，便可由A点立即抵达B点，而无需经历两点之间的任何距离，哪怕这距离只是大雄与静香住所的距离，还是10万光年以外的太空深处！

　　"随意门"的背后正是一个这样的虫洞吗？

▲ 虫洞

　　不过大家请不要高兴得太早，科学家的研究显示，由于其间会遇上巨大而致命的万有引力作用，没有什么东西能够穿越虫洞而不被撕得粉碎！

缩形人变白痴

哆啦Ａ梦的奇妙法宝之一是，可以把人和事物缩小的"放大缩小电筒"。无论什么东西，只要被"放大缩小电筒"一照，都会在几秒内变小。

我国文学名著《西游记》中，神通广大的孙悟空便拥有把自己放大和缩小的能力。他甚至可以变成一只虫子钻进铁扇公主的肚里捣乱。但我们都知道，这纯粹是想象中的法术，完全没有科学根据。

哆啦Ａ梦是来自22世纪的机器猫，那他的法宝，包括"放大缩小电筒"，是否可用一些我们今天虽然未能掌握，但在理论上可能实现的超级科技来解释呢？

第一个要解答的问题是：缩小了的事物重量是否不变？如果是，那么一个身高1厘米但仍然重数十千克的大雄能否活动自如？若体重会按比例减轻，那么大雄体内大部分的物质跑到哪里去了？

让我们暂时不去理会其余的物质跑到哪里。假设大雄的体重会随着他的体形缩小而减少，合理的结论是大雄身体里细胞数目也会减少。你们有没有想过，大雄本来就不是一个特别聪明的孩子，如果他的脑细胞数目大大减少的话，他会不会变得更傻更迟钝，甚至成为"白痴"？

看来，大雄的脑细胞是不能再少的了！要维持脑细胞（及其他细胞）的数目，细胞本身也必须缩小。细胞的结构非常复杂，要缩小体积而仍能正常工作，组成它们的分子和原子也必须同步地变小。以现今的科学知识，要把分子和原子也变小的话，我们必须压缩时空本身，而这已完全超越我们已知的科学理论……

无中生有的百宝袋

哆啦A梦最厉害的法宝是什么？不同的人有不同的答案：时光机、随意门、竹蜻蜓、放大缩小电筒、隐身斗篷……可是他们都忽略了，哆啦A梦最厉害的法宝，其实是他能够随意拿出上述众多法宝的"四次元百宝袋"！

著名科幻小说作家克拉克（Arthur C. Clarke）曾说过："异常先进的科技，看起来将会跟魔术无异。"用这句说话形容哆啦A梦的百宝袋，可说再贴切不过。然而，作为对想象力的一项挑战，我们不妨试试以今天的科学知识，解释哆啦A梦百宝袋这项"魔术"是如何实现的。

百宝袋的最大特色是"无中生有"和"取之不竭"。而"四次元"这个称谓，明显指出它已超越了我们所熟知的三次元立体空间（又称三维空间），而直通第四次元的"超立体"空间。

这里可以有两种看法，在爱因斯坦的相对论中，"第四次元"其实指时间。如此看来，百宝袋的魔术在于它能够穿越时空，把22世纪的超能科技产品带到21世纪（漫画创作时是20世纪）的今天。

然而，我们也可以把"第四次元"纯粹地看成为一个"空间维"（spatial dimension）。那么，正如作为三维空间生物的我们，可以在一个只有两维的世界（也就是一个平面）之中"无中生有"地引进其他两维空间的事物（例如在其上画出一个图案）；一个四维空间的生物，也可以在我们的三维空间中"无中生有"地变出任何三维空间的事物。这样看来，百宝袋的"魔术"也是有可能的呢！

潜行空间隐身人

你有没有想过，如果只有你看得到别人，而别人却完全看不见你，那将是多么有趣的一回事啊！你可以悄悄偷听别人的秘密，更可故弄玄虚，让你的朋友吓一大跳！

众多民族的古老神话早已有关于隐身术的臆想。在风靡全球的魔幻小说《哈利·波特》中，哈利·波特也曾靠一件隐身斗篷掩人耳目。看过《哆啦A梦》的你当然也知道，一件这样的斗篷也是哆啦A梦和大雄常用的法宝之一。

简单地说，隐形可看作完全透明。一扇十分通透的玻璃门往往跟隐形无异，以至我们可能毫无察觉而撞得鼻青脸肿。也就是说，只要我们把组成我们身体的物质变得像玻璃一样透明，那不是差不多等于隐形了吗？

然而事情绝非这么简单。物质能否完全透光（即透明），原来是个十分深奥的问题。试想想，一块可以浮在水面的木板完全不透光，一块密度高得多而落水即沉的玻璃却可让光线通过。要把我们身体众多不同的物质变得透光，而引起的结构变化又不致破坏我们的生理功能，就已知的科学理论而言实在难以想象。

这里还有另外一个难以克服的科学问题，我们的眼睛之所以可以看见周围的事物，是因为瞳孔内的晶状体（透镜）把光线聚焦成像，并把影像投映到我们的视网膜上，而视网膜上的感光细胞则把信息传到大脑。如果视网膜本身是透明的，那么光线会完全直穿而过，这样一来我们怎么可能看见事物呢？

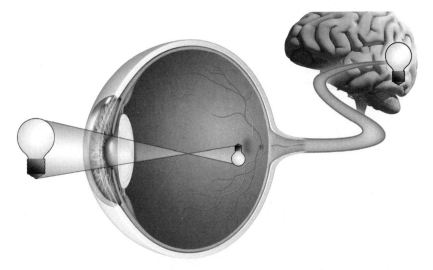

　　电影《007 之择日而亡》中的一部隐形车，所用的是一个截然不同的构思。故事中用了景物投映的方法来造成隐形错觉，办法是把从车子一面看到的景物，在车身另一边作高度还原的播映，以致身处另一边的人看来，中间的车子就像不存在一样。

　　哆啦 A 梦的斗篷是否也用了同一原理呢？

时光穿梭：
咬着自己尾巴的蛇

除了竹蜻蜓、随意门和百宝袋之外，哆啦Ａ梦用得最多的法宝是时光机。

能够打破时间洪流的阻隔，任意地穿梭过去、现在和未来，这是多么引人入胜啊！

可是，只要我们仔细地想一想，便察觉这种超能力的背后，其实包含着十分矛盾的问题。

先说回到过去吧！一个最极端的例子是：假设我回到昨天并把昨天的我杀掉，那么又何来有今天的我乘坐时光机回到昨天呢？

撇开如此极端的例子，假如我回到昨天并碰上昨天的我，那么谁才是真正的我呢？你也许会说"今天的我"才是"正版"。且慢！想象此刻有另一个你在你身边出现，并声称他来自你的明天，那么按照刚才的推论，他才是"货真价实"的你啊！那是否可以说，此刻的你原来只是个"盗版"呢？

即使你愿意放弃"世间上只能有一个'我'"这个最根本的立论，"回到过去会改变历史，从而改变现在"仍是一个无法避免的矛盾。试想想，假如我考试不及格，但拿了今天老师派发的试题答案，并乘坐时光机回到昨天把答案交给考试前的我，那么我考试自然会取得满分。但如此一来，考试后的我（既然已取得满分）为什么还要把试题答案送回过去呢？

能够探访未来并去而复返，所产生的矛盾，也跟"回到过去"

的十分类似。如果我前往 24 世纪并把当时一个最新发明带回今天，那这个发明便不是 24 世纪的发明，而是 21 世纪的发明！同样，如果我把一首 24 世纪最新的流行歌曲带回今天，那么这首曲子到了 24 世纪时，便已是一首 300 年前的旧调子，而不会是最新的流行歌曲了！

　　有人曾用一个生动的比喻来突出上述的悖论：一条蛇因为太饿了，咬着自己的尾巴，最后把自己吃得无影无踪！

颠倒世界的镜子

大家有没有想过，镜子是多么奇妙的一样东西？它能够重现出现实世界的景象，其间却有一个微妙的分别，镜中的世界与现实世界是左右颠倒的！

你也许会说：嘻！这不过是光线反射的自然现象，有什么稀奇？倘若我问你，光线的反射为什么只会令镜中影像左右颠倒而不是上下颠倒？你要怎么解释呢？

《爱丽斯梦游仙境》想必大家都看过吧？爱丽斯第一次进入仙境是跟着兔子跳进树洞，第二次进入仙境则是穿过一面镜子，可见故事中的镜子是多么引人入胜。

在哆啦A梦的众多法宝中，非常引人入胜的还有"相反世界的镜子"。大雄进入这面镜子之后，发觉世界上所有事物都变成了相反的。这不仅包括左右的颠倒，还包括人的性格、善恶、行为等。例如，最怕老鼠的哆啦A梦会变得喜欢老鼠，原本懦弱胆怯的大雄会变得大胆勇敢等。

这个构思背后其实包含着十分有趣的意念——怎样才算是"相反"？妒忌的相反是羡慕，还是毫不在意？虔诚的相反是迷信，还是无神主义？红的相反是白吗？（但白的相反不是黑吗？）甜的相反是酸，还是苦？看！这是一些多么不简单的问题啊！

即使回到左右颠倒这个最简单的"相反"，背后原来也大有学问。"在现实世界中成立的一切自然定律，在镜像世界也必定成立吗？"物理学家李政道和杨振宁正是因为研究这个问题得到突破，于是成为首次夺得诺贝尔物理学奖的炎黄子孙！

创造独角兽

　　有一次，为了实现大雄骑独角兽的梦想，哆啦Ａ梦穿梭时空，把大雄、静香和小夫送到22世纪。在那儿，他们不但见到了独角兽，还见到了像蝴蝶般飞舞的精灵、美人鱼、海龙等只会在童话中出现的异兽。

　　最初，他们都以为这些都是精致的机器模型，幸好哆啦Ａ梦及时赶到，并把他们从险境中拯救出来。哆啦Ａ梦解释，那些动物不是机器，而是有血有肉的生物。原来22世纪的科学家，借助基因工程（genetic engineering），创造了各种童话世界中的动物，并建成了"幻想动物公园"，供人们游览赏乐。

可能大家都知道，"种瓜得瓜，种豆得豆"这个遗传之谜，自人类发现基因的双螺旋结构才得以揭开。基因虽然可以让生物的特征得以延续，但基因变异也可令这些特征出现变化，生物的进化因此得以推陈出新。此外，人类可以把狼变成犬、野猪变成家猪，以及培养出各种不同的金鱼等，这些都与基因变异有关。

不过，生物进化以亿万年为单位，即使人类刻意培育，也需要经年累月的反复尝试，才可以培养出崭新的生物品种。但自从人类掌握了基因的奥秘后，已经可以把"进化"带入实验室，只用很短时间就能制造大自然需要数百万年才能产生的基因变异效果，更可以刻意设计一些前所未有的生物形态，真正做到了"巧夺天工"的境界。

著名的科幻电影《侏罗纪公园》，正是假设人类通过了基因工程，将早已灭绝的恐龙重新带到今天的世界。

在一方面，基因工程虽然为控制疾病和解决世界的粮食问题开拓了极为广阔的前景，可是在另一方面，这也引起不少人的忧虑。特别是将它应用到我们自己身上时，将引发众多的道德问题。可以预见，生命伦理学（bioethics）将是人类在 21 世纪要面对的一项重大课题。

梦里不知身是客

暑假最后一天，大雄一觉醒来，发现在梦中已做完所有暑期作业的他，现实中却只字未写！见他焦急得大哭，哆啦Ａ梦于是拿出名叫"梦境成真枕头"的法宝，只要躺在那个枕头上睡觉，便可以把梦境和现实对调。也就是说，可以使梦境成真。

结果呢？是梦境比现实更可怕。大雄不断来回于梦境与现实之间，到最后连哪个是梦境，哪个是现实都分不清了……

的确，即使没有"梦境成真枕头"，梦境本身也是再奇妙不过的一件事。不知大家可有过以下经历：梦境实在太逼真了，以至醒来时，我们会怀疑不是做梦，而是身处另一个世界、另一个时空……

更有甚者，我们可能产生疑问，就是"醒"之前的经历是现实，现在这刻才是虚幻……

我国著名哲学家庄子，曾经提出一个类似的疑问：话说有天庄子午睡，梦见自己是只翩翩起舞的蝴蝶。一觉醒来，他不禁怀疑——自己是否真是一只蝴蝶，只不过现在做梦变成一个名叫庄子的人？抑或他是一个名叫庄子的人，刚才做梦变成了一只蝴蝶？这便是著名的"庄周梦蝶"的故事。

笔者儿时也有一个奇想，就是我们在梦中觉得如此逼真的经历，一觉醒来才知原来是梦境；那么我们现在身处的现实，是否也会有一天变成另一个现实中的梦境呢？而这个"超级现实"，是否也只是一个更超级现实中的梦境？甚至如此类推，永无止境？

这算不算是一个永远也不会醒来的梦呢？

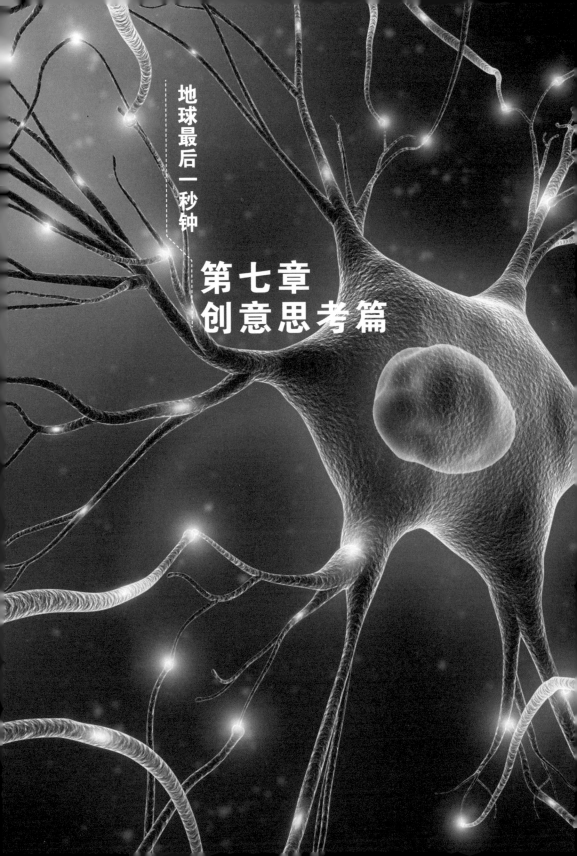

地球最后一秒钟

第七章
创意思考篇

送你一秒钟

一年有多长？"这要看你用什么单位来计算。"聪明的你可能这样回答。没错，这个问题的答案可以是日、时、分或是秒。但关键在于，哪一个单位是基本的？而哪些答案则是按这个"基本单位"转化而来的呢？

在以往，答案是以"日"作为基本单位，而一年里有365又四分之一日是一个最基本的常识。今天我们知道，这是地球环绕太阳一周所需的时间。但聪明的你还会追问，以往人类根本不知道地球在环绕太阳运动，那么他们如何定义一年的时间呢？

这的确是一个不简单的问题。天文学家曾经以不同的自然变化来定义什么是一年，例如以太阳在星空中位置的周期变化，或是以正午时日影最短的一刻的周期变化等。而这些"年"的长度皆不尽相同。结果，历法的制定成为了一门极其复杂的学问。

让我们回到最简单的"365又四分之一日"这个问题上吧！为了照顾这多出了的四分之一日，西方的历法每四年设立一个"闰年"（leap year），也就是让平常的年份只有365日（2月只有28日）；而闰年时则有366日（2月有29日）。众所周知，在2月29日出生的人每四年才能庆祝一次生日。

以上是完全没有考虑月亮盈亏的历法制定方法。我国的历法（农历、夏历）是一种结合了太阳变化（阳历）和月亮变化（阴历）的"阴阳历"，追求的是每个月的初一必然是"新月"（new moon），而十五必然是"满月"（full moon）。为了调和阴阳（主要是令"二十四节气"紧贴季节的变化），制历的人于是采用了"闰月"（leap month）这个方法，也就是在某些年份设有两个相同的月份，如两个4月、两个5月或两个6月等。

看过了什么是"闰年"和"闰月"，我们现在终于可以看看"闰秒"是怎么回事了。首先我们要知道的是，直至 20 世纪中叶，"民用时间"（civil time）以及由此引申的"授时服务"（time service），都是以天文观测为基础的。具体地说，就是我们先决定"一日"的长度（称为"平太阳日"，mean solar day），然后再将这个长度划分为相应的"时、分、秒"，这种时间我们称为"格林尼治标准时"（greenwich mean time，简写 GMT）。但自从原子物理学在第二次世界大战后的飞跃进展，科学家已将这个做法反转过来，也就是先决定"一秒"的长度（被定为一颗铯原子——caesium-133——出现某种变化时所发出的辐射的某个周期的持续时间），然后再计算出"分、时、日、年"的长度。这种时间我们称为"协调世界时"（coordinated universal time，简写 UTC）。

以原子物理为基础的时间制定虽然较天文观测的更为稳定和精准，但得出的分、时、日、年等，也必须和天文现象相配合才行。科学家发现，由于地球的自转的不均匀性和长期变慢性，长久地以"60 x 60 x 24= 86400 原子秒"作为一日的话，将会跟"平太阳时"逐步脱节。为了减慢 UTC 的步伐以和 GMT 协调，科学家采用了"闰秒"（leap second）这个方法。

闰秒一般会选在年底添加，办法是在 12 月 31 日的 24 时 60 分 59 秒之后加上一秒，即显示为"24 时 60 分 60 秒"，然后再跳到下一年的 1 月 1 日零时零分零秒。

奇怪的是，一般人对"闰年"或"闰月"习以为常，却对某年会多出一秒大感兴趣。由于地球自转的不均匀性，闰秒的设置一般较迟才决定和公布，这无疑增加了"闰秒"的神秘感，令大众更感兴趣。

平衡的静与动

想象一把靠在墙边的梯子，我们大多不会认为那是一个平衡状态的例子，不过事实上那的确是一种平衡状态。这种状态，其实只有梯子所受的重力，以及其与墙壁和地面所产生的摩擦力抵消了才能得以维持。此外，最大的倾斜角度是由最大的摩擦力所决定的。虽然我们看不见有任何事情发生，但隐形的力正在互相作用。这是静态平衡（static equilibrium）的例子。

另一个静态平衡的例子，是天平两边放上了重量相同的物品，因而处于静止状态。如果你从未用过天平，可以想想跷跷板这个更有趣的例子。跷跷板还展示了静态平衡的另一特点：即使一个系统基本上达到平衡，但平衡点仍可能出现轻微的波动。当你和朋友各在跷跷板的一端，但各自无法保持绝对静止时，跷跷板就会上下摆动，不会维持完美的静止状态。

现在假设有水不断流进一个底部有洞的水缸之中，有趣的是，虽然水不断地流淌，但水缸中的水位可能会维持不变。聪明的读者肯定

▲ 天平

能轻而易举地解释这个现象。这是因为流入的水，刚好与从底部的洞流走的水抵消了。

更好玩的地方来了。假设我们扭大水龙头，从而加大水流入的速度。起初水位会上升，但随着水位上升，水缸底部的水压就会增加。在较高的水压下，水流走的速度也会加大。除非流入的水量势不可挡，否则始终有一刻流入的水会被流出的水抵消，令水位停止上升。看！即使系统原来的平衡被扰乱，但在较高的水位仍可达到新的平衡。

假如我们减小水流入的速度又会怎样？以类似的推论就能显示，系统会在较低水位达至新的平衡。这个"漏水的水缸"就是"动态平衡"（dynamic equilibrium）的例子。

这个例子还展示了动态平衡背后的一个重要原理：负反馈作用（negative feedback mechanism）。所谓负反馈，是指一种因素导致某一种事物朝某一个方向变化时，它也同时会导致另一种变动，从而使事物的上述变化受到阻碍。就水缸的例子而言，一个令水位上升的因素（加大水的流入量），同时产生了一种相应的变化（水缸底部水压增加），从而导致一种抵消的现象（水的流出量加大），结果阻止了水位的继续上升，从而系统重新找到一个平衡状态。

了解动态平衡的秘密，是了解世界上众多有趣现象的关键。

变动中的平衡

在上一篇，我们看到负反馈作用如何让一个系统维持动态平衡。你可能会觉得漏水的水缸是个相当人工化的设计，与现实生活的事情关系不大。那么，让我们一起看一个跟地球上所有生命都息息相关的例子吧！

那就是太阳。不用说大家也很清楚，对地球上的生命而言，太阳的稳定性是生死攸关的头等大事。

太阳将 50 亿年维持不变

如果你略懂天文学，你会知道太阳是一团巨大的离子化气体。它的直径是地球的 109 倍，表面温度大约为 6000 摄氏度，中心温度更高达 1500 万摄氏度。太阳的能量来自它中心的热核反应（thermonuclear reaction）：宇宙中最简单的元素"氢"不断地转化成宇宙中第二简单的元素"氦"，从而释放出巨大的能量。

我们都把稳定的太阳视为理所当然，但事实上，这种稳定是两股庞大的力量达到巧妙平衡的结果：一方面，太阳由于中心产生了大量能量而不断膨胀；而另一方面，组成太阳的物质通过万有引力互相吸引，则令太阳不断地往内收缩。由于这两种现象相互抵消，我们的太阳才会既不收缩又不膨胀而处于稳定状态。

你可能会问，如果太阳的平衡受到干扰，那不是会导致地球上出现大灾难吗？科学家其实也问过相同的问题，幸好他们的理论模型显示，这一个重要的反馈机制至少还会令平衡维持 50 亿年。

万有引力与热核反应相互制衡

反馈机制的原理是这样的。假设由于某些不明的原因，太阳中心的核反应加速了，能量输出的增加令太阳膨胀。但随着太阳膨胀，它的中心温度和压力会下降。我们都知道核反应的速度非常依赖于周围的温度和压力。由于温度和压力下降，核反应的速率也会迅速减慢。结果呢？由于核反应减慢而能量输出减少，太阳的膨胀会停止甚至逆转，最后恢复到原来的状态。

同样的道理，假设某些不明的原因令太阳产生的能量减少，万有引力会因此占了上风而令太阳收缩。然而，随着太阳收缩，中心的温度和压力便会上升，从而令热核反应加快，能量生产增加。这种能量的增加会把太阳收缩顶回去，最后令太阳恢复原来的平衡状态。

让我们从这种壮观的宇宙平衡，一下子回到卑微的日常生活应用上。在工业革命的初期，如何保持机器运作稳定是个重要的课题。人们后来采取的办法是，在蒸汽机上安装一个"调速器"（governor）进行控制。笔者在此就不详细讲解它是如何运作的（各位可以轻易在网上找到有关的资料）。我想指出的是，这种巧妙的设计背后正是用了负反馈作用的原理。

平衡的陷阱

我们从上两篇文章得知，平衡这个现象在自然界中十分重要。我们的太阳之所以稳定地不断发光发热，正因为万有引力的收缩作用，与太阳中心核反应所导致的膨胀作用达至一个微妙的平衡。而地球大气层中的氧气含量能够长时间保持在一个稳定的水平，则有赖于动物界的呼吸与植物界的光合作用之间所维持的平衡状态。

一些人以为平衡既然是大自然的常态，因此我们可以随意对大自然做出种种干扰，因为干扰过后，大自然最终会找到它的平衡状态。

过分干扰令大自然失衡

这种想法不能说完全错误，却也十分危险。让我们以一个简单的实验来说明一下。

把一个装有饮料的塑料瓶子垂直地放在桌上，接着我们在水平方向碰撞瓶子的上半部。只要碰撞的力度不太大，我们可以看到，瓶子因外力侧倾后，将很快回到原来的位置。

我们将碰撞的力度逐步增加又会怎样呢？我们将会看到，瓶子每次侧倾的程度将越来越大，而回到原先的垂直状况所需的时间亦越来越长。到最后，瓶子会因侧倾太过严重而倒下来。也就是说，外来的干扰超过了一个限度，原来的平衡便会消失。

不是每种平衡状态都适合人类

刚才所说的"超过了一个限度"，这个限度便是这个平衡状态的"临界点"（critical point），术语又称为"阈值"（threshold）。

以上的例子说明，一个平衡状态的"抗扰能力"是有限的。一旦外来的干扰太大，平衡状态便会遭到破坏。

平衡真的消失了吗？有点物理常识的读者会指出：横卧在桌上的瓶子不也是处于一种平衡状态吗？不错，严格来说，在刚才的变化之中，瓶子只是从某一种平衡状态转移到另一种平衡状态。

"啊！你不是说过大自然总会找到它的平衡状态的吗？"你可能会这么说。但你忘了的是，大自然的各个平衡状态之中，不是每种都适合人类生存的！

事实是，地球形成至今已有 46 亿年之久。在这个极其漫长的岁月里，它经历了比今天严寒得多的平衡状态，也经历了比今天酷热得多的平衡状态。在后者的阶段，全球的海平面较今天的高出一两百米。

所以，如果有人以"大自然总会找到它的平衡"来否认环境灾变的严重性，请你告诉他：如果我们继续对大自然这个"直立的水瓶"撞击，一旦大自然跳到"横卧桌上的水瓶"这个新平衡状态的话，地球可能就会变得不再适合人类居住了。

边际分析趣谈

假设你已很久没有进食，肚子非常饿，现在我给你一根香蕉，不用说你会很快地把它吃掉，并感到很大的满足。但由于你已饿了很久，一根香蕉当然不够。好！我再给你一根香蕉。你当然也会很快地把它吃掉，甚至感到意犹未尽……

好了！你现在要回答我一个问题：第一根香蕉给你带来的满足感较大，还是第二根香蕉带来的满足感较大呢？"谁会去在意这个呢！"你可能会不耐烦地说："不要啰嗦了！快给我第三根香蕉吧！"

"边际报酬"会出现负数

好！我不但可以给你第三根香蕉，而且还可以给你第四、第五、第六根……但你必须告诉我：每多吃一根香蕉所带来的满足感，是否都与之前那根一样呢？

你不用真的吃下五六根香蕉也应该想到，这样一直吃下去的话，每根香蕉所带来的满足感将会越来越少。到了最后，无论你的胃口有多大，满足感将会变成"负数"，即吃香蕉会变成受罪而不是享受！

这虽然是一个很简单的道理，但在我们探究大自然及至人类社会的各种现象时，我们发现这是一个包含着深刻含义的普遍原理。科学家把它称为"边际报酬递减规律"（law of diminishing marginal returns）。所谓"边际报酬"（marginal return），是指最后多加的那个单元所导致的效用（utility）。上述的例子，便是吃最后一根香蕉所带来的满足感。

让我们看看另一个更直观的例子。假设一块农田十分贫瘠，因此作物产量很低。如今我们施放化学肥料，并把施放量逐步增加以观察效果。

第一季我们施放了一袋肥料，作物产量明显增加了。第二季我们施放两袋肥料，作物产量再次增加。如是者，我们施放三袋、四袋、五袋……

聪明的你肯定已想到，即使农田的产量最初按比例增加，但很快这个比例将会呈下降的趋势。也就是说，肥料每增加一袋，作物产量增加的百分比会较肥料增加值越来越小，甚至产生负作用。

肥料的增加如是，劳动力的增加也十分类似。假如 10 个工人建造一间大宅需时 100 天，我为加快工程的进度而加多 10 个人，也许真能把所需的时间缩短为 50 天。假如我再把人数倍增（动用 20 个工人），是否真的能够把时间再缩短一半（只需 25 天）呢？而按照比例推算下去，如果我投入数百个工人，是否只需数天便能把大宅建好？稍有常识的人都知道这是不可能的。不用说，这也是"边际报酬递减规律"下的一个例子。

赌博得不偿失

这个原理还可以用来论证赌博是不明智的行为呢！假设一个人拥有 100 元并拿出 10 元来下注。如果他赢了便可获得 10 元，输了便失去 10 元。即使赢、输的机会均等，他赢得的那 10 元的"边际价值"也会比他输掉那 10 元的"边际价值"低。也就是说，那是不划算的。

这也是为什么我们说，在捐款赈灾期间，一个穷人捐出 10 元比一个亿万富豪捐出 100 万元更值得我们敬佩。这是因为相比起他们各自的身家而言，穷人那 10 元的"边际价值"，较富豪那 100 万元的"边际价值"可高得多呢！

再进一步说，世界上所有国家都在不同程度上采取"累进税制"（progressive taxation），即收入越高税率也越高，背后也包含着类似的道理。

市场上的平衡

在以上多篇文章中，我们已经了解到"动态平衡"在大自然许多重要的现象里扮演着重要的角色。现在，让我们看看人类社会中一个基于动态平衡的重要例子吧！

人类社会中一项最重要的活动就是买卖。虽然这个活动进行了数千年之久，但背后的秘密直至约 250 年前才被发现。试想想，每天市场上有成千上万的各样货品在买卖，到底是谁决定每一样货品的售价呢？即使我们假设这一切的背后皆有大量头脑精明的人在出谋划策，但是在人类历史中的大部分时间里，他们既没有高速运算的计算机，也没有庞大的数据库，他们怎么能够及时定出合理的价格呢？

事实上，市场的运作根本不需要策划人，它本身会自我调节并维持在一个动态平衡的状态。这个令人吃惊的结论最先是一位英国古典经济学家亚当·斯密（Adam Smith）提出的。他在 1776 年的著作《国富论》（The Wealth of Nations）中，把这种自我调节的能力给予一个生动的称谓——看不见的手（the invisible hand）。自此，看不见的手成为了我们了解人类活动的一个关键。

"看不见的手"自我平衡

斯密理论的逻辑是这样的：假设所有的条件相同，当某种商品的价格上升，顾客对该商品的需求就会减少。如果我们制作一个图，横轴代表顾客需求的商品数量，纵轴代表商品价格，我们就会得到一条从左上方开始并向右下方下滑落的曲线，这条曲线称为需求曲线。

另一方面，再一次假设所有条件相同，当某种商品的价格上升，商品的供给便会增加。如果我们制作另一个图，横轴代表商品供给，纵轴代表商品价格，我们就会得到一条从左下方开始并向右上方爬升的曲线，这条曲线称为供给曲线。

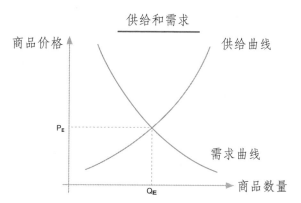

注意，不管是需求曲线还是供给曲线，横轴都是代表我们正考虑的商品数量，纵轴都是代表商品售价，因此我们可以把两个图合并，而需求曲线和供给曲线的相交点——需求等于供给的地方，就是商品在市场上的"自然价格"（平衡价格，equilibrium price）。

现在，聪明的读者应该会猜到"自然价格"其实是由动态平衡现象来维持的。价格下跌会导致"供不应求"，代表供应商可以提高商品价格，同时继续出售商品。另一方面，价格上升会导致"供过于求"，供应商便需要降低商品价格，以保证销量。这个"负反馈机制"会令市场上的商品维持平衡价格。

然而，这只是从基本理念出发的一个分析。在现实世界中，某一物品的价格还会受众多复杂因素的影响。这些因素包括了垄断、囤积居奇、商家勾结、倾销、广告效应、谣言、恐慌等。因此我们在进行经济分析时，千万不要掉进"只看理论不顾现实"的陷阱！

比较优势浅释

假设有两个国家 A 和 B。A 国的生产力平均较 B 国高，即在制造任何一种货品时，A 国所花的成本皆较 B 国低。在这种情况下，A 国根本没有必要跟 B 国进行任何贸易，对吗？

错！事实是，A、B 两国如果进行贸易，往往会为两国都带来好处。自古以来，各个民族、地区的人，都明白这个道理并不断进行贸易活动。

然而，在经济学的发展史上，这种好处的理论证明，直到 19 世纪初才被建立起来。虽然最先提出有关观点的是英国学者托伦斯（Robert Torrens），但更为人所熟知的，则是首次系统地论证这一原理的英国经济学家李嘉图（David Ricardo）。

"相对优势"左右贸易

在 1817 年出版的著作《政治经济学与赋税原理》中，李嘉图用了下面的例子作出说明。假设英国和葡萄牙都出产红酒和布匹，但就两者的生产成本（以投入的劳动力计）而言，都以葡萄牙的为低。那么是否说，两国不应在这两种商品上进行贸易呢？

从直觉出发，相信大部分的人都会达至上述的结论。但李嘉图指出，这个结论是错误的，因为它只比较了两国在生产这两种货品时的"绝对优势"，而没有考虑到，在每一个国家之内，生产这两种货品时的成本差异，即两者间的"相对优势"。

实际上，英国生产红酒的成本颇高而生产布匹的成本则相对较低。相反，葡萄牙生产红酒的成本很低，而生产布匹的成本则相对较高。简单的数学分析显示，如果英国拿布匹跟葡萄牙换红酒，葡萄牙则拿红酒去换英国的布匹，而两个国家都集中资源去生产在其国内具有"比较优势"的货品（即英国的布匹和葡萄牙的红酒），则两者都会获得更大的经济效益，从而达至一种双赢的局面。

上述便是经济学中著名的"比较优势原理"（law of comparative advantage），这也是历来呼吁全球贸易自由化（global trade liberalization）的最重要理论依据。

"自由贸易"的争议

人类的贸易活动自古皆有，为什么还要鼓吹什么"自由化"呢？原来贸易虽然自古皆有，但国与国之间进行贸易时，一般都会征收不同程度的关税。对一些国家而言，这些关税是重要的财政来源。此外，一些国家也会对某些货品的贸易作出限制，例如日本长时间对大米的进口有所限制等。

所谓自由贸易，就是要求各国消除一切关税和贸易限制。按照"比较优势原理"，这会大大推动全球的经济繁荣。

既然如此，为什么不少发展中国家都对"全球贸易自由化"有所保留；而在"反全球化运动"之中，"自由贸易"更成为了众矢之的呢？

这当然是一个极其复杂的问题，"一个经济相对落后的国家必须有机会培养本土的产业到某一程度，才能全面开放市场与全球竞赛"是"反自由化"的最主要论据（我们不会叫一个 6 岁的小孩与一个成年拳击手比赛），即使我们只集中于"比较优势原理"的理念层面。

一些学者的研究也指出，这个原理的应用，应假设：两国的经济发展不太悬殊，生产的资金不会跨境流动，以及两国货币的汇率相对稳定这三个大前提。由于现实世界中，上述三个假设往往无法同时成立，因此我们在应用这个原理时必须十分谨慎。

太阳什么时候最近

大家有没有听过以下的故事？两个小孩在讨论太阳时，其中一个说道："看！日落时的太阳这么大，想必它这时离我们最近呢！"另外一个却道："不对！正午时的天气最热，太阳应该在正午离我们最近才对！"

结果是，两个小孩各执一词互不相让，最后谁也不能说服谁。在故事中，孔子与他的门生刚巧路过此地，看见两人争执于是上前询问。可是，当他得悉两人都"言之成理"的推论之时，孔子也无法定夺而"举手投降"。

孔子的尚实精神

孔子虽然是伟大的思想家、教育家、政治家，但他不是科学家，而且以当时的人类知识水平而言，也实难以对问题作出完满的解答。孔子没有随便选择一个答案，反映了他坚持"知之为知之，不知为不知，是知也"的尚实精神。

然而，2500多年过去了（如果故事是真的话），现在让我们以今天的科学知识，来判辨哪个小孩的说法正确。

让我们先看红红的落日。它看起来这么大，必定表示它那时离我们近吧！我们真的有量度过它的面积，证明它比太阳高高挂在天空时大吗？当然，在没有适当的仪器帮助下，我们千万不要这样做，因为太阳的强光会严重损害我们的眼睛。但科学家的研究告诉我们，落日看来较大只是一种错觉。事实上，太阳无论在天空中的任何位置，它的大小都是一样的。

但为什么会有这种错觉呢？原来人类对事物大小的判断，往往取决于周围景物所提供的"参考"。当太阳高挂天空时，由于周围没有熟悉的景物作比较，太阳在空荡荡的背景下看来好像很渺小。相反，当日出和日落时，在远方地平线的景物衬托下，太阳看起来好像比平时大得多。这种错觉不单出现于太阳，也出现于月亮身上。

距离的影响不及角度

第一回合的结果是，第一个小孩的推论被推翻了。但那是否说，第二个小孩的结论是正确的呢？

非也！一般正午的天气的确最热，但那跟太阳和地球的距离基本没有关系（即使那时我们确实和太阳近了一丁点儿）。科学家的研究显示，由于地球环绕太阳的轨道是椭圆形的而非正圆形的，因此日、地的距离一年间的确有微小的变化。但进一步的研究显示，地球每年离太阳最近的时间（处于近日点）是一月；而最远的时间（处于远日点）是七月，在北半球而言分别是全年最冷和最热的时分。也就是说，公转时引起的这种距离差异，对地球表面冷暖的影响十分轻微，更何况是日落时和正午时的距离差别。

谜团似乎越来越复杂！但聪明的你当然已经掌握了破解的线索！刚才提到北半球一月寒冷而七月炎热，这便是季节变化的结果。大家都知道季节的成因源于地球自转轴的倾斜，而倾斜的结果是太阳光入射角度的改变（古人正是以每日正午时日影子长度的变化而定出一年的时间）。也就是说，第二个小孩指出正午时最热当然没错，但原因并非太阳那时离我们最近，而是太阳光入射时最接近垂直，因此能量最为集中（以每单位面积接收的能量计算），而被大气层和尘埃的吸收和散射的能量也最少。

下次遇到好友时，可以拿这个 2500 多年前的问题考一考他，看看他能否给出满意的答案吧！

常识上的常见谬误

请看看下面这个句子："一棵杨柳树上，两只猿猴正在嬉戏。"

你是否看出有不妥的地方？

聪明的你可能会说，猿猴一般生长在热带雨林，杨柳则生长在离赤道较远的地方，所以"猿猴在杨柳上嬉戏"不大合乎常理。

如果你懂得以生物的地理分布来推敲这个问题，已经很了不起了。但假如我说，猿猴是从动物园逃脱出来的，你又怎么看呢？

让我把谜底揭晓吧！事实是，上述这个句子是不能成立的。这是因为，世间上根本没有"杨柳"这种树，也没有"猿猴"这种动物！

既无"杨柳"也无"猿猴"

"什么？"我已听到你在叫喊。稍安毋躁，我稍一解释你便会明白了。

理由很简单：虽然杨树是一种树，柳树是一种树，但世上却没有一种称为"杨柳"的树木。同理，猿是一类动物，猴是一类动物，世上也没有一种称为"猿猴"的动物。

杨和柳的区别很容易理解，但有关猿和猴的区别则可能需要再作一点补充。

严格的生物学分类虽然涉及多个层面，但就猿与猴来说，我们只需记住一个最简单的区别便行。那便是：猴子有尾巴，而猿类则没有尾巴。

猴子的种类非常多，而且遍布世界各地。有时人们会把它们分为"旧世界猴子"（old world monkeys）和"新世界猴子"（new world monkeys）两大类。前者指生活在非洲和欧、亚大陆的猴子，而后者则指生活在南、北美洲的猴子。

至于猿类（apes），大致可分为"大型猿"（great apes）和"小型猿"（lesser apes）两大类。但两者下的分类加起来也不及猴子的种类多。其中特别是大型猿类，只包括了大猩猩（gorilla）、黑猩猩（chimpanzee）、倭黑猩猩（bonobo apes）和红毛猩猩（orang-utan）4种。前3种只能在非洲找到，最后一种则只能在印尼的婆罗洲、苏门答腊等地找到。

体型较小的猿类，则有种类较多一点的各种长臂猿（gibbon）。正是这些体型较小而又在树上荡来荡去的长臂猿，最易被误认为猴子的一种。

一般猴子的体型比猿类小，但也有较为例外的。例如在非洲草原上成群结队出没的狒狒（baboons，猴科灵长类动物），便很易被人误认为猿类，而一些样貌颇为吓人的山魈（mandrill，世界上最大的猴科灵长类动物），看起来也很像猿类。

请不要再"指猿为猴"

从今天开始，大家应该不会再犯这个"指鹿为马"或"指猿为猴"的错误了，对吗？

但有一点必须指出的是，以上的称谓是根据现代生物学的划分来定的。在古代的中国，确实会将猴子称为"猿"，例如李白的诗句"两岸猿声啼不住，轻舟已过万重山"中的猿，其实是猴子，而非今天我们所认识的猩猩。

咦！刚才在窗外看见一只豺狼正在追捕一只狐狸。可怜的狐狸不知是否能够逃脱呢?

聪明的你当然知道这是笔者的戏言。但你是否察觉到,这一"戏言"与文首的句子其实包含着同一个问题?

没错!豺、狼、狐、狸是4种不同的动物。就后两者而言,更属于不同的"科"(family):狐属于"犬科",狸则属于"猫科"。

但这次笔者则不会过于执着。所谓"习非成是",由于大部分人多年来都习惯把狼俗称为"豺狼",而把狐俗称为"狐狸",我们下次听见人们这样说时,大可不必"直斥其非",反倒可以拿来笑谈一番,顺道以正视听便好了。

洗手的故事

洗手是个人卫生一项最基本的要求。可不是吗？我们从小便学会"吃饭前，洗洗手"的习惯。但大家可能有所不知的是，在西方的医学界，洗手的重要性原来是颇为晚近才被确立的呢！

两间产所的故事

话说在 19 世纪初期，奥地利的首都维也纳有一所很有名的医院，其中有两间妇产科诊所。在第一间诊所负责接生的，主要是医生和医科学生；而在第二间诊所负责接生的，则是助产士，甚至是实习助产士。但令人难以理解的是：第一诊所的产妇死亡率竟较第二诊所的高出超过一倍！

为什么会有这种情况呢？当时主管这两间诊所的是一位名叫塞麦尔韦斯（Lgnaz Semmelweiss）的匈牙利医生。他深深被这个问题所困扰。几经调查分析，仍是毫无头绪。

由于第一诊所"臭名远扬"，不少孕妇死也不肯在那儿分娩。但因为被收留的孕妇不少是低下阶层的贫苦大众，因此她们没有选择的权利，只有苦苦哀求不要把她们派往第一诊所。其中一部分更选择在街头分娩，认为即使如此也更为安全！

更为奇怪的事情是，这些孕妇的选择竟然是正确的！数据显示，虽然"街头分娩"具有较高的危险性，但产妇死亡率仍然低于第一诊所的死亡率！

这究竟是怎么一回事呢？1847 年，在剔除了一切可能的因素后，塞麦尔韦斯终于找到了谜团的答案。答案在于两间诊所负责接生的人员不同。

原来第一诊所的医生和医科学生不但负责接生，也会进行解剖、验尸等医学研究工作。而在这些工作后，他们会把尸体中的病菌传染给孕妇，令她们染病甚至死亡。

先知先觉却被嘲笑

要特别指出的是，由法国科学家巴斯德（Louis Pasteur）所提出的"疾病的病菌"（germ theory of disease），直到10多年之后的1865年左右才正式确立。幸运的是，凭着仔细的观测和推理，塞麦尔韦斯虽然没有明确的病菌观念，但仍然得出了正确的结论。

基于这个结论，塞麦尔韦斯让所有医生与医科学生在进行解剖和验尸的工作后，必须以一种含有氯的清洁液把双手彻底洗干净，才能进行接生的工作。果然，就凭这个简单的措施，便立即把第一诊所的产妇死亡率降低近九成之多！

在往后的工作中，塞麦尔韦斯继续强调保持双手清洁的重要性，并取得了很好的成果。

大家想必会以为，医学界会对他的成就高度赞扬，对吗？遗憾的是，由于西方医学界当时仍未接受"疾病主要由病菌导致和传播"的观念，塞麦尔韦斯的贡献不但没有得到赞赏，反而招来了不少嘲笑与批评。塞麦尔韦斯在气愤沮丧之余，染上了一个不治之症，最后在47岁的英年郁郁而终……

希望大家下次洗手时，一起怀念这位医学界的"无名英雄"吧！

奇妙的记忆

假设你换了一份新工作，起初你可能会觉得难以牢记新的办公室电话号码，别人问你的电话号码时，也许总是先说出前公司的电话号码。过了数个月后，你终于能牢记新电话号码，而且能够毫不费力地随时说出来。

随风而逝的记忆

有趣的部分来了。假设在数年后，你再次换工作，而上述的过程重复。数个月后，你大概难以想起上一份工作的电话号码了，纵然你在过去数年间都能够轻而易举地把它说出来；至于再之前一份工作的电话号码，你大概已经忘得一干二净了！你可以努力尝试，就算给你一些物质奖励，比如说 1000 元吧，你的脑海可能还是一片空白。

以上这个日常生活的例子说明了一个简单的事实，那就是人类并不太擅长记忆数字。当然，这里指的是长期记忆，不是短期记忆。短期记忆的例子可能是你刚记住用来订位的餐厅电话号码，这个号码你可能转头就不记得了。但前述例子中的办公室电话号码你已经记在心中好几年了，不过只要一段时间不再使用，这个电话号码还是会随风而去。

现在想一想我们认识的人的名字。我们的记忆力在这方面表现得明显好得多，我们能够记得许多年不见的朋友、同事、同学，甚至邻居的名字。

记得容貌却记不起名字

不过，我们记忆人名的能力并非十拿九稳。你也许曾遇过一些通常发生在社交场合的尴尬情形：一个从前曾跟你有过数面之缘的普通朋友上前跟你聊天，但是不管你怎样绞尽脑汁，也想不起他的名字！当然你不敢开口询问，因为实在太难为情了……

现在来想想我们记忆容貌的能力吧！我们的记忆力在这方面真的非常出色。想想我们的生命中遇到过多少人，而人的容貌都有相同的基本特征（两只眼睛、一个鼻子、一张嘴巴），看起来大同小异，但我们记住这些容貌的能力可说是达到匪夷所思的地步。你也许想不起一个人的名字，但你会相当肯定自己之前有见过他。但问题是，你怎么能够这么肯定？

这些现象背后都有很多的原因，请你来猜一猜，然后在下一篇文章中看看是否达到相同的结论。

记忆的进化

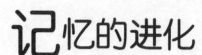

　　我们非常擅长记住人的容貌，但较不擅长记住人的名字，至于要记住数字，尤其是一串较长的数字时，我们的记忆力通常都表现得一塌糊涂。我们在上一篇文章中已谈过这些似乎是很明显的事实，还在文章结尾考了考聪明的你能不能解释这种现象。

　　对一般人来说这些现象看来显而易见、理所当然，似乎没什么值得特别研究的，但你要是想从这本书中学到什么与众不同的话，首先要学习的应该是这句座右铭："在科学世界里，没有什么是显而易见的！"（In the world of science, nothing is obvious!）确实，如果"显而易见、理所当然"也能成为一个合理解释的话，那么即使不是全部，也有大部分的科学研究会变成多余的工作了！我们的记忆之所以如上述这般变幻难测，其实反映了记忆进化的一些基本事实。

记忆容貌的能力较早发展

　　数百万年前，当我们的祖先还是和一头会直立行走的人猿差不多时，他们在非洲的树林和大草原生活时，必须要能够辨认和记得谁是族群中的领袖，谁是他最亲密的同伴，谁是敌人以及谁是外来者。也就是说，他们要能分清别人是敌是友。通过观察其他动物的行为，科学家确认了对所有的社会性哺乳类动物来说，这种基本的技能都是不可或缺的，无论是大象、土狼，还是黑猩猩。

　　人类的社会化（socialization）随着语言发展而达到一个崭新的层次。人们不单靠容貌，还会用名字来分辨他人。问题是语言能力在人类进化史中相对较迟出现，按照粗略的推断，人类大概于10万年前才开始运用较复杂的语言，相比我们数百万年以来记忆容貌的历史，难怪记住名字总是显得很困难。

至于数字，情况就更极端了。在日常生活里广泛使用数字的历史才不过几千年而已，而使用一大串数字（例如电话号码、身份证号码或计算机密码）则是更近期的事情了。因此，如果我们记忆数字的能力很差劲，而且容易出错，那一点儿都不奇怪。

有趣的是，对计算机来说，情况却刚好相反。记忆数字——当然还包括冗长又复杂的数字计算——对电脑来说轻而易举；记忆名字则比较困难，至少对第一代计算机来说是这样的；至于记忆和人脸配对对电脑来说就更困难了（尤其是当容貌历经岁月的洗礼，但随着科技的进步，人脸识别技术现在已较为成熟）！结论是，由于起源不同，许多对人类来说非常困难的事情（如牢记一大串数字），对计算机来说易如反掌；许多对计算机来说很棘手的事情（如猜测一个人说话背后的意图），对人类来说就如探囊取物。

同理心的科学

大家有听过"人同此心，心同此理"这句话吗？这句话的意思是，既然是人，则无论在情感和理智上，都应该有大致共通的出发点，而由此出发，便会在分析事物时趋向相同的结论，或在辨别是非时服膺于同样的道理。

在人与人的交往中，这是一个至为重要的"假设"。注意我把假设二字放到引号内，是因为我们一般不会知道我们作了这个假设。这是因为由孩童时代开始，这个假设就已悄悄在我们的潜意识中建立起来。简单的逻辑是，没有了这个假设，我们与别人的交往便根本无从展开。

同理心是进化产物

当然，这个"同理心"的假设只是一个开始。在成长的过程中，我们还必须学会了解别人的观点，并尝试"设身处地""将心比心""推己及人"地考虑别人的立场、观点和感受。但我们这样做时，其实也已假设了对方与我们拥有十分相似的七情六欲，例如都喜欢受人尊重，而不喜欢受到别人的嘲讽、羞辱等。这正是孔子教导我们"己所不欲，勿施于人"背后的道理。

世间的事物往往复杂纷纭甚至充满矛盾，例如大家也可能听过的"人心不同，各如其面"。西方也有"一人的美食可能是另一人的毒药（One man's meat could be another's poison）"这种说法。的确，人的性格和喜好往往各不相同，这既是不少人世间纷争的源头，也是令这个世界变得有趣和可爱的原因。但总的来说，人心在最根本的层次仍是十分相似，只是我们在与人相处时，必须因应不同人的性格和癖好（也要因应不同的文化习俗），在"同理心"这个基础之上作出适当的调整。

科学的研究告诉我们，上述这些当然都是进化（包括生物进化和文化进化）的产物。我们越是能揣摩别人的心思和企图，在与别人交往时便越容易避免冲突甚至处于上风。在"进化心理学"（evolutionary psychology）这门兴起只有数十年的学科研究中，这种能力被理解为拥有一套"心理理论"（theory of mind）的结果。注意，这里虽然用了"理论"二字，却并不表示我们都是理论家，而表示在我们的脑袋里（不论是意识还是潜意识的层面），我们对别人的行为和动机都有一些"理论假设"。这些"理论假设"不但存在于现代人的脑袋里，也不同程度地存在于数万、数十万甚至数百万年前的古人类的脑袋里。

预测 21 世纪是"大脑科学世纪"

大家都听过"感同身受"这个词语吧！的确，当我们看见别人欢欣时自己也会感到欢欣，看见别人忧愁时自己也会感到有点忧愁。当我们看见别人受着极大痛苦（例如严重受伤流血时），我们也往往会从心底里生出一种不忍和疼痛之感。这种感觉的英文叫作"empathy"。按照不少学者推断，这正是"心理理论"的一个重要基础，也是人类"道德心"的主要源头。

近年来，科学家似乎找到了这种"感同身受"和"同理心"的一些物质基础。他们通过可以反映神经细胞（neuron，又称神经元）活动状况的"磁共振功能成像"（functional-MRI）这种尖端科技，在人类的大脑中找到了一些被称为"镜像神经元"（mirror neuron）的神经细胞。之所以构成"镜像"，是因为这些神经细胞在我们看见他人处于的一些情境（如欢喜或痛苦）时，会受到激发而令我们有类似的感受。

在研究物质世界的道路上，科学家已经获得了惊人的成就，但在研究人类心灵世界的道路上，现代科学还在起步阶段。"镜像神经元"的发现，有可能是这方面的一个里程碑。有人曾预测21世纪会是一个"大脑科学世纪"，希望这一预测能够应验，并为促进人类和谐共处作出贡献。

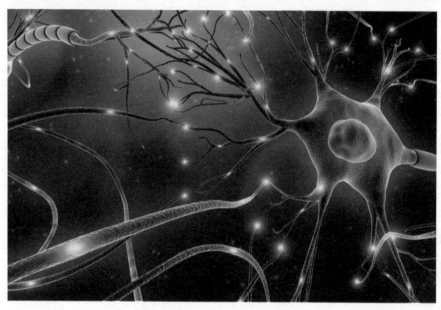

▲ 神经元

创意思维大挑战（1）

一个人从巴黎埃菲尔铁塔塔顶跳下来，但他没有死，甚至毫发无损。为什么？

这是一个我常常在创意讲座中提出的问题。我会请学生尽量想出各种答案，当然答案必须建立于科学而不是魔法幻想的基础上，所以哈利·波特式的答案将不被接纳。

现在，我要用这个问题考考聪明的你。你能想出多少个可能的答案呢？

如果你真的希望挑战一下自己的创意思维，请暂时不要往下看，到你列举了你可能想到的答案之后才继续看。假如你已想好了答案（或者你是个大懒虫），以下是我预备的一些答案。

答案1：因为那个人借助了降落伞，并安全地降落地面。富有戏剧性的人还可以假设那个人撑着一把类似电影《欢乐满人间》（*Mary Poppins*）中的那种大雨伞往下跳。但请记着，那把雨伞一定要非常坚固，最少不会在降落时翻转而直坠地面。

答案2：和第一个答案差不多，那人乘滑翔翼（hang glider），从容不迫地安全滑落。又或者那人把自己绑在一只大风筝上，而风筝让他平安着陆。

答案3：在过去数十年，一种更刺激的方法出现了，它就是"蹦极"。蹦极比其他方法更刺激，因为人会在一段时间内体验到"自由落体"运动！

答案4：中国人在1000多年前已经发明了火箭，另一个可能的答案就是那个人带着火箭推进器。当然，推进器一定要能够易于控制，好让那人能够安全地降落，比方说落在埃菲尔铁塔旁边的公园里。

答案 5： 下方的地面有一张巨大的安全网或弹簧床，能够接住往下掉的人。这当然是消防员救人最常用的一个方法。其中的原理，在于安全网或弹床可以缓冲撞击时致命的冲击力。

以上的答案已经是所有可能性了吗？还差很远！如果这些是你找到的所有答案，请你继续想出其他答案。在下一篇里，我会提供更多精彩的答案。

创意思维大挑战（2）

在上一篇，我问了以下的一个小问题：有一个人从巴黎埃菲尔铁塔塔顶跳下来，但他没有死，甚至毫发无损。为什么？我也提供了一些可能的答案：（1）用降落伞、大雨伞；（2）用风筝、滑翔翼；（3）蹦极；（4）用火箭推进器；（5）用安全网或弹簧床。但我也指出答案远不止这些。好了，你还想出什么新的花样呢？

以下是更多的答案。

答案6： 以安全网或弹簧床的原理为蓝本的答案其实还有许多变化，重点是如何缓冲冲击带来的破坏力。西方人的一句戏言是：It's not the fall that kills you. It's the end of the fall that kills you.（下坠不会致命，下坠的结束才致命。）所以其中一个答案可能是，那个人跳下的位置正下方有一个巨大的泳池（这是电影中常用的桥段）。但我们需要一些假设——泳池的水要够深以缓冲冲击力，而那人又是一个跳水专家，不然他即使没有摔死，也可能因为用错误的方法撞进水里而严重受伤。

答案7： 另一个"缓冲法"是巨大泳池答案的演变，这就是在地面铺满多层非常柔软的软垫。在电影拍摄中，这是保护特技演员高空跃下时不至受伤的常用方法。假如你没有拍摄电影的那种软垫，其实也可以把大量空的纸皮箱堆在着陆的地方，也会得到相似的效果。不过，那感受当然没有掉在软垫上那么舒服了。

答案8： 另一个抵消冲击力的方法是利用金属弹簧。那人可以降落在一个以金属弹簧支撑的平台上。当然那些弹簧不能够太硬，否则着陆时可能会摔得很重。"弹簧法"的其中一种变化是风琴式的压缩现在有些汽车的前半部分经过特别设计，受到撞击时会折叠起来，就像一个风琴。这种设计有助于缓冲撞击力，保护车厢中的乘客。

弹簧或折叠式缓冲法可以有一个非常有趣的变化，那便是把弹簧或"风琴"装在跳塔那人的鞋底！当然这只是从理论上探讨，因为要缓冲巨大的撞击力，弹簧或风琴必须做得十分厚，这样会让人着陆时很容易失去平衡而受伤。较安全的方法是利用一个紧贴鞋底并装有这些缓冲设备的小型平台。但我们还要保证平台不会在半空中侧翻才行。

答案9：让我们回到电影拍摄这个话题上。可能大家都知道，在拍摄动作电影的过程中，如今都倾向大量使用钢索拉动的方法（俗称"吊威亚"，而"威亚"是英文"wire"的音译）。但是，这些钢索也曾有"穿帮"的时候，现在很多翻腾跳跃的镜头已可通过特效镜头处理。用这种方法从巴黎铁塔跳下当然可以安然无恙。但这与上一篇所说的"蹦极"颇为不同，这是因为钢索没有什么延伸力，为了避免受伤，下坠的速度必须全程受到限制。而这正是为什么在一些电影中，一看便知是"吊威亚"的效果：演员在半空中的跳跃和下坠，并没有完全遵循只受万有引力影响的"弹道运动"（bailistic motion）形式。

这就是所有的答案了吗？当然不是！那么，请再动动脑筋吧！

创意思维大挑战（3）

　　在以上两篇文章，我们对"从埃菲尔铁塔塔顶纵身跳下却安然无恙"这道题作出了 9 种不同的答案。如果你以为这已经差不多的话，那么对不起，你的创意可说太不济了。我可以告诉你，下面的答案至少还有一倍之多！不信吗？请继续看下去吧！

答案 10：氢气球

　　这个不用多解释了吧！（真正令人诧异的是：我们之前的 9 个答案竟然没有提到它！）然而我们也应借此补充一下：今天的"氢气球"装的其实已不是氢气（因为它有爆炸的危险），而是安全得多也昂贵得多的氦气。

答案 11：双层大胶球

　　虽然这并非什么高科技，但比起氢气球也算高级得多了。大家可能在电视或其他媒体中看过，外国如今流行一种玩意（小孩的游乐场中也可看见），就是玩的人攀进一个巨大而透明的弹性塑料球的中心。这个球有两层，也可说是"球中有球"。而位居中心的人因为有了这种双重保护，所以即使球体在十分崎岖的郊野到处滚动，其内的人也不会受伤（受不了天旋地转而呕吐则另当别论）。大家有看过成龙的一部较早期作品《飞鹰计划》吗？电影开场不久就有成龙"乘坐"着这样一个大胶球直滚下山的场面。

答案 12：大滑梯

　　从答案 1 一直看到这儿的你应该十分清楚，要从高处跃下而不受伤的话，其中一个要诀是"缓冲"，而缓冲可以用很多方法。现在考考你，假如着陆的表面是硬的而不是软的或是可压缩的，着陆时是不是一定会严重受伤呢？让我们看一个具体的例子：假如一个人把一个生鸡蛋从远处抛给你，而你只能以一只铁锅来接，你怎样才能不把鸡蛋砸烂？方法很简单（从原理上来说），那便是铁锅要先配合鸡蛋的速度不断后退，然后再逐步减速把鸡蛋接稳。对了，只要着陆时的表面能够先配合下坠物体的速度，那么即使表面是硬的也可令物体安全着陆。

但这个分析与如今这个答案的题目"大滑梯"有什么关系呢？虽然基本原理如出一辙（都是缓冲嘛），题目中的"大滑梯"可是一个更巧妙的"硬着陆"方法。假如我再解释下去，那便真的侮辱你的智商了。

答案13：大风扇

大家是否听过这样的新闻：一个人被龙卷风卷上半空，最后却在远处安全着陆？当然，这是万中无一的幸运案例，但原则上是完全有可能的。巨大的风力的确可以减缓一个人的下坠速度。事实上，一些游乐场里已经设有这样的一种游戏项目：巨型的风扇从下向上猛吹，使得穿着特别宽大衣服的人可以感受到近似"失重"的状态而在半空飘浮。理论上，我们也可以用这种方法令跳下埃菲尔铁塔的人安全着陆。

答案14：大磁场

磁场有"同极相斥，异极相吸"的特性，这是连小学生也懂得的一个常识。因此理论上，如果跳下的人身上绑着一块强力的磁铁（或是一部可以产生磁场的机器），我们便可在地上制造一个"相斥"的电磁场（或是在上空制造的一个"相吸"的电磁场），以控制他的下坠速度。

答案15：援救直升机、热气球

要用到电磁场似乎太复杂了。简单一点，假设跳下的人被一条从直升机垂下来的绳梯救走了怎么样？当然，救走他的也可以是一个热气球。（在成龙的另一部电影《龙兄虎弟》之中，成龙便从高处跳到一个巨大热气球的顶部）

答案 16：塔顶平台

一个更简单的方法是，环绕着铁塔顶部的是一个向外伸展的安全平台，而这个人只是跳到这个平台之上而已。对大部分人来说，这当然属于一个"取巧"的答案。但创意思维往往就是要"取巧"嘛！

答案 17：建筑吊臂

稍为复杂一点的情况是，铁塔旁边正有一项大型的建筑工程，而跟铁塔顶部差不多处于同一高度的一条巨型水平吊臂正伸了过来，跳下的人刚好落在这条横臂之上。在倪匡先生以"魏力"这个笔名所写的《女黑侠木兰花》系列当中，其中的一集《勇破黑龙党》正以类似的方法把一个罪犯从医院中劫走。

答案 18：向内跳

另一个取巧的答案是跳下的人其实是向内跳！笔者不清楚埃菲尔铁塔顶部的结构是否容许这样的一个"答案"，但如果题目说的只是"从一座摩天大楼的天台跳下"，那么这个答案便肯定成立。

答案 19：铁塔倒了

另一个更为取巧的答案是，假设不知什么原因铁塔倒了，以致从前的塔顶如今只离地不足两米。

答案 20：反重力

一个超乎现在科技水平的答案是，跳下的人备有一个"反重力"

217

（anti-gravity）的装置，因此可以轻易控制自己的下降速度。类似的创意其实并不新鲜。早在 1901 年，英国著名科幻作家威尔斯（H. G. Wells）便已在他的小说《第一个到达月球的人》（*The First Men in the Moon*）中，假设人类发明了一种叫"cavorite"的反重力物质，并以此建造太空飞船飞抵月球。可惜的是，虽然 100 多年来科技突飞猛进，但"反重力"的构想至今仍只存在于科幻世界中。

看！我没有骗你吧？即使不用哈利·波特的魔法，我们也可提出 20 种答案！我相信答案还不止这些，但就上面列出的答案也足够让我们看出，创意思维可以把我们带往一个多么广阔的天地！